Technologie der Handweberei.

Ein Lehr- und Lernbehelf

für Webeschulen, gewerbliche und höhere technische Schulen, sowie zum Selbstunterrichte für Webereibeflissene.

Unter Mitwirkung von **O. Fiedler** † k. k. Fachlehrer in Rumburg

von

Heinrich Kinzer,
k. k. Webschuldirektor in Jägerndorf.

I. Teil: Die Schaftweberei.

Fünfte, durchgesehene Auflage.

Mit 231 in den Text gedruckten Originalfiguren.

Preis broschiert 3 Mk.

SPRINGER FACHMEDIEN WIESBADEN GMBH 1916

ISBN 978-3-663-15238-5 ISBN 978-3-663-15801-1 (eBook)
DOI 10.1007/978-3-663-15801-1

K. u. k. Hofbuchdrucker Fr. Winiker & Schickardt in Brt.un.

Einleitung.

1. Die Entwicklung der Weberei.

In der Urzeit mußte der Mensch seinen Bedürfnissen ohne Werkzeuge genügen; er mußte nackt den Einflüssen der Witterung trotzen und notwendigerweise auch durch das Zusammenleben mit seiner Art die geistigen Gaben verwenden und entfalten. Nur schwierig können wir uns ein Bild des damaligen Menschen in unserem Geiste machen. Felle erbeuteter Tiere lieferten die ersten Bekleidungsstoffe. Mit der fortschreitenden geistigen Entwicklung lernte der nie ermüdende Schaffenstrieb, hervorgerufen durch den Gebrauchswechsel, die im Pflanzen- und Tierreiche sich eignenden Faserstoffe auszunützen und es entstand die Kunst, die Fasern zu Fäden zu drehen. Naturgemäß bemühte man sich, diese Fäden zu verkreuzen, so wie bei den gewöhnlichen **Flechtwerken** aus Halmen und Binsen. Jedenfalls ist es wahrscheinlich, daß die Flechterei Anlaß bot, längere Fäden zu spinnen, sie nebeneinander zu spannen und sie dann gesetzmäßig mechanisch durch querlaufende Fäden abzubinden, ein Vorgang, der die Weberei von der früheren Erfindung des Flechtens unterscheidet.

So primitiv die Werkzeuge der Alten waren, sind doch die schönsten Kunstwerke angefertigt worden, welche Zeugnis geben von dem hohen Grade der Vervollkommnung der Arbeit. In Ägypten, dem Lande der Pharaonen, stand die Weberei auf hoher Stufe. In Asien, von Indien angefangen bis in den kalten Norden, erreichte diese Industrie hohe Entfaltung. Namentlich die Babylonier und Phönizier betrieben die Webekunst und es werden die Gewänder und Teppiche jener Zeit als insbesonders kostbar geschildert, Gewebe, die heute trotz allen maschinellen Hilfsmitteln unserer Zeit hervorragend dastehen. Die Weberei war ausschließlich Hausindustrie. Auch die Griechen und Römer betrieben diese Kunst mit Vorliebe und stets wachsendem Luxus und webten schließlich Gewandstoffe von großer Prachtentfaltung. Das Spinnen und Weben als Beschäftigung der Frauen der alten Deutschen dürfte jedem bekannt sein. Karl der Große bevorzugte Kleider, die in seiner Hauswirtschaft erzeugt worden waren. Namentlich waren es in Deutschland die Klöster, die viele technische Fortschritte in die Sache brachten. Später übte die Bildung der Zünfte Einfluß auf die Entwicklung des Weberhandwerkes. Im Mittelalter war besonders die Wollwarenerzeugung in hoher Blüte. Friesische Mäntel und Tuchgattungen genossen Weltruf, die niederländischen Tucharbeiter standen in hohem Ansehen und wurden wohlhabend; ebenso besaßen die Leinenweber in Westfalen, Thüringen, Sachsen, Böhmen und Bayern großen Wohlstand. Nebenbei wurde auch Baumwolle und Seide verwebt. In dieser Beziehung war Frankreich hervorragend, welches in Lyon schon zur Zeit Franz II. (1560) Seidenbau betrieb. Erst später wurde auch in Deutschland diese Industrie gepflegt. Für die weitere Entwicklung der Weberei war der Beginn der Baumwollkultur. in Amerika von großer Bedeutung.

Über die früheren Hilfsmittel der Weberei haben wir im Wege der Überlieferung nur wenig Kenntnisse erlangt. Daß man schon im 14. Jahrhunderte in Spanien hochfeine Kirchenstoffe mittels Handzugstühlen, wie solche auch von Lyoner Seidenwebern gebraucht wurden, herstellte, ist historisch nachgewiesen. Andere ältere Hilfsmittel zum mechanischen Aufziehen der Schnüre, bzw. Fäden, sind: der **Wellenstuhl**, die **Trommel-**, die **Leinwand-**, die **Stoß-** und **Hochsprungmaschine.** Im Laufe des 18. Jahrhunderts waren die Versuche, die bestehenden Webmaschinen zu verbessern, besonders rege und es sind namentlich zu erwähnen: **Falcon** 1728, **Vaucanson** 1745, **Panson** 1775, **de Verrier** 1798, **Waldhör** in Wien 1799 und **Jacquard** 1801; aber alle diese Versuche hatten wenig praktischen Erfolg*).

Im Jahre 1805 gelang es endlich dem letztgenannten, einem Franzosen, Karl Maria Jacquard, jene geniale Erfindung zu machen, die in jeder Beziehung als vollkommen dasteht und sowohl in der Art der Webstuhlvorrichtung als auch in der Produktionsweise epochemachend wurde**).

2. Allgemeines.

Die Produkte der **Weberei**, **Wirkerei** und **Klöppelei** im allgemeinen, die **Gewebe, Stoffe** und **Zeuge** bestehen aus einer regelmäßigen Verkreuzung oder Verflechtung der Fäden, welche zusammen das flächenartig **ausge**breitete Fabrikat bilden. Die **Verkreuzung** der Fäden ist nicht **willkürlich**, sondern ist nach **bestimmten Gesetzen** in regelmäßiger Wiederholung mittels einer maschinellen Vorrichtung hervorgebracht. Wir unterscheiden bei **Stoffen** solche, deren Fäden sich **rechtwinkelig** verkreuzen, und kurzweg **Gewebe** genannt werden, Fig. 1, und solche, bei denen sich der Faden in anderer Weise anordnet, z. B. Maschen bildet und **gewirkte Stoffe** heißen, Fig. 2; endlich solche, bei denen sich die Fäden wieder nach anderen Regeln verbinden, die **Spitzen-** und **Bobinetstoffe,** Fig. 3.

---

*) Siehe „Kohl", Geschichte der Jacquardmaschine.

**) Die technische Entwicklung der Weberei wird in ihrer zeitlichen Folge und dem jeweiligen Stande im Technischen Museum für Industrie und Gewerbe in Wien zur Anschauung gebracht.

Bei den **Geweben** unterscheidet man zwei Fadensysteme; das eine, welches mit der Längsrichtung des Gewebes übereinstimmt und **Kette** heißt, das andere, welches in der breiten Richtung sichtbar ist und **Schuß**

Fig. 1.

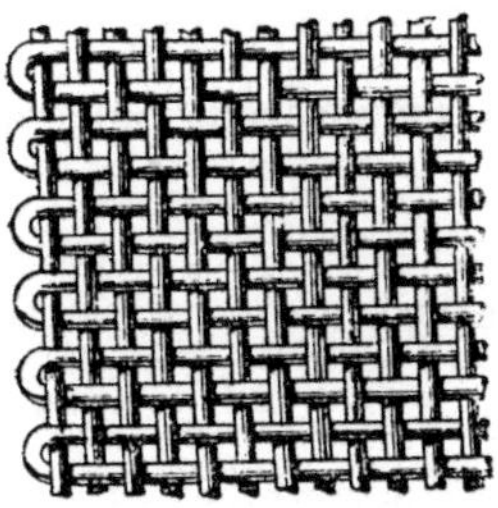

Fig. 2.

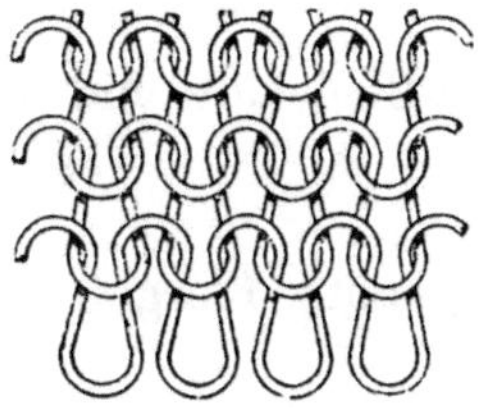

Fig. 3.

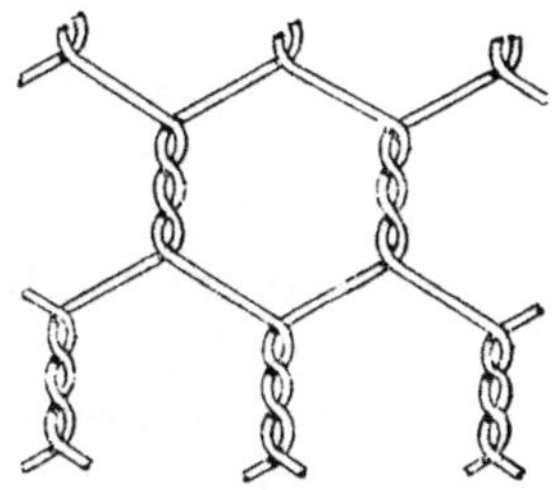

heißt. Schuß und Kette kommen auf der einen oder anderen Seite des Gewebes mehr oder weniger zur Geltung; danach unterscheidet man **kettrechte, schußrechte** und **beiderseitsrechte Waren.**

3. Einteilung der Gewebe.

Die gewebten Stoffe kann man in folgende Gruppen einteilen:

I. **Nach der Anwendung:**

a) **Gewebe zur Bekleidung** (für Wäsche, Unterkleider, Oberkleider, Damenstoffe, Herrenstoffe, Mantelstoffe, Krawatten, Bänder und Phantasiestoffe).

b) **Gewebe zur Ausschmückung** von Wohnungen (Möbelstoffe, Wandbehänge, Vorhänge, Tisch- und Bettwäsche, Teppiche, Gobelins, Dekorationsstoffe).

c) **Gewebe für technische Zwecke** (Riemen, Gurte, Schläuche, Säcke, Plachen, Zelte, Ballonstoffe, Isolierungen, Walzenbezüge, Filter usw.).

II. **Nach dem Rohmateriale** (baumwollene, schafwollene, leinene, seidene, Hanf- und Jutegewebe usw.):

a) **reine,**

b) **gemischte.**

a) Reine, z. B. ganz Baumwolle,
„ Kammwolle,
„ Streichwolle,
„ Seide,
Leinen u. and.

b) Gemischte, z. B. Halbleinen (Baumw. u. Leinen),
Halbwolle (Baumw. u. Schafwolle),
Halbseide (Baumw. u. Seide)
u. a. Mischungen.

III. **Nach der Bindung:**

a) **leinwand-** oder **taffetartige**
b) **geköperte**
c) **atlasartige**
} glatte Gewebe,

d) **gemusterte** (Gewebe mit zusammengesetzten Bindungen),

e) **lancierte** und **broschierte** (Gewebe mit aufgelegten Ketten- und Schußfäden),
f) **Struckgewebe,**
g) **Ketten-** und **Schußripse,**
h) **beidrechtseitige** und **verstärkte** oder **gefütterte** Gewebe,
i) **Hohlgewebe,**
k) **Gewebe** mit Figur- und Bindekette und einem oder mehreren Schüssen,
l) **Pikeegewebe,**
m) **Faltengewebe,**
n) **samtartige Gewebe** (Samte, Florgewebe, Plüsche),
o) **Schlingengewebe,**
p) **Chenillegewebe,**
q) **gazeartige** (Drehergewebe).

IV. **Nach der Beschaffenheit des Materials:**
a) rohe Gewebe,
b) im Garn gebleichte,
c) im Garn gefärbte, einfarbige oder mehrfarbige Gewebe,
d) Gewebe mit Effektgarnen,
e) gezwirnte Gewebe.

V. **Nach der Beschaffenheit der Gewebe selbst:**
a) rohe Gewebe (Rohware, Stuhlware, Loden),
b) gebleichte Gewebe (ganz, halb, viertelgebleicht),
c) gefärbte Gewebe (Stückfärber),
d) bedruckte Gewebe,
e) Modestoffe,
f) **appretierte** Gewebe (geschorene, gerauhte, gewalkte, kalanderte, moirierte, gepreßté, nadelfertige Stoffe usw.).

Die Operation zur Herstellung von Geweben umfaßt zwei große Gruppen: **die Vorbereitungsarbeiten** und **das eigentliche Weben,** beziehungsweise die **Weberei** im engeren Sinne.

I. Gruppe:

Die Vorbereitungsarbeiten zum Weben.

Diese Arbeiten haben den Zweck, die Kette und den Schuß, das Material, so anzuordnen, wie es für den Gebrauch des Webers nötig ist. Sie teilen sich in die Vorbereitungsarbeiten der **Kette** und in die Vorbereitungsarbeiten des **Schusses.**

A. Die Vorbereitungsarbeiten der Kette.

Für die gewöhnliche Weberei auf Handstühlen gliedern sich diese Vorbereitungsarbeiten in das Kettspulen (Treiben, Winden), Schweifen, (Scheren, Zetteln), Schlichten (Leimen), Aufbäumen und Vorrichten als getrennte Operationen.

I. Das Kettspulen.

Dasselbe ist eine Vorarbeit zum **Schweifen.** Die Garne müssen der leichteren Handhabung wegen auf **Holzspulen** gebracht werden. Die Grundform der Spulen ist in Fig. 4 und 5 ersichtlich. Das Aufspulen geschieht in handwerksmäßigen Werkstätten mittels des **Kettspulrades,** in Fabriken mit **Maschinen** und hat den Zweck, die Verunreinigungen, als: **schlechte Andreher, Knoten, Schlingen, Schleifen, Flocken, dünne** und **dicke Stellen** vom Faden zu entfernen. Das Spulrad, Fig. 6 und 7, enthält eine mit Hilfe von Schnurrad und Wirtel umgedrehte Spindel *S* zum Aufstecken der Spulen, auf welche man unter beständiger Drehung den Faden regelmäßig geordnet nebeneinander legend mit Daumen und Zeigefinger der linken Hand hin- und zurückleitet. In der Regel macht man die Spulen **bauchig,** Fig. 8, weil sie mehr Garn fassen. Die Garnsträhne müssen, damit sie in möglichst gespannter Lage erhalten bleiben, auf eine **Garnhaspel** oder Winde *a* gelegt werden,

Fig. 1.

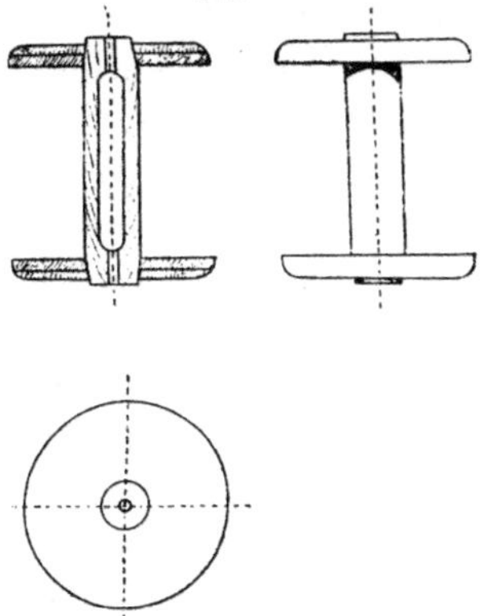

Fig. 5.

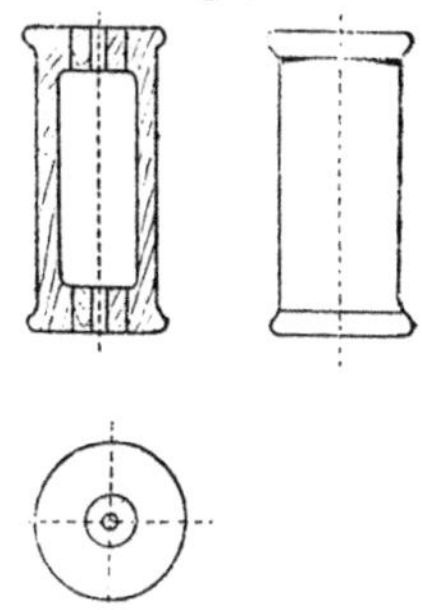

Fig. 6.

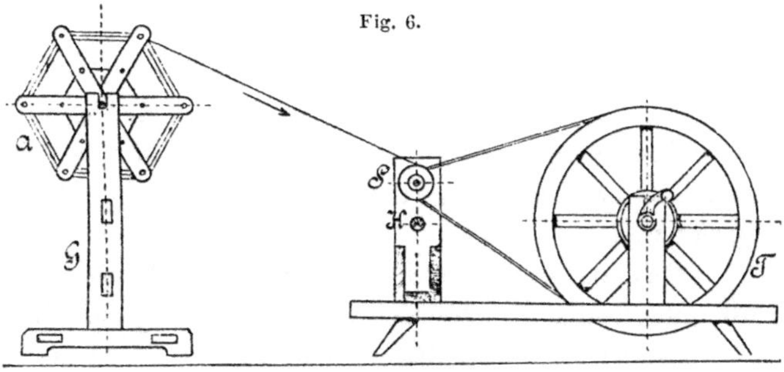

Fig. 7.

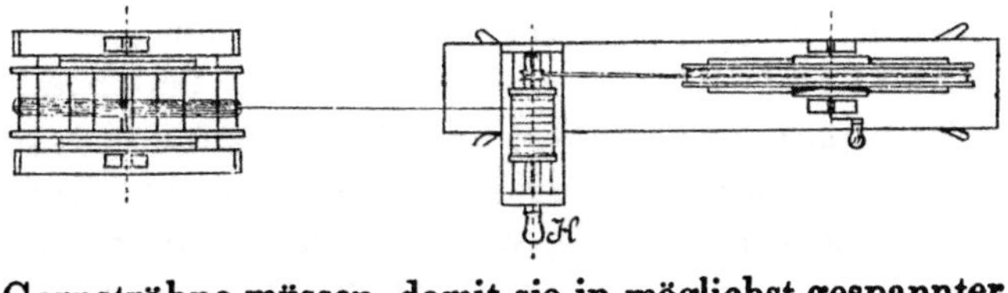

welche sich im **Windstocke** *G* oder Haspelhalter, Fig. 6, bewegt. Fig. 9 ist eine Garnhaspel für feinere Garne und solche Strähne, welche einen größeren oder veränderlichen Durchmesser haben. Der Windstock *G* trägt zwei leichtbewegliche Sprossenrollen *R*, deren Lagerteil mittels Flügelmutterschrauben *s* auf oder ab verstellbar ist. Bisweilen ist die untere Rolle frei auf und ab bewegbar und kann mit Vorteil durch das eigene Gewicht auf die Spannung des Strähnes wirken. Sehr oft findet man zwei Rollen nebeneinander angeordnet, damit man einen Reservesträhn sofort benützen kann. Gewöhnlich werden die Strähne, welche die Fäden mehr oder weniger innig verbunden, zum Teile auch verwirrt, verfitzt oder verfilzt enthalten, mit den beiden Händen ruckweise gestreckt oder mit einem Schlagstocke auf einem galgenartigen Bocke hängend geschlagen und dabei entwirrt. Die Fadenlagen werden erschüttert und isolieren sich, so daß das Abwinden möglichst ohne Unterbrechung erfolgt.

Fig. 8.

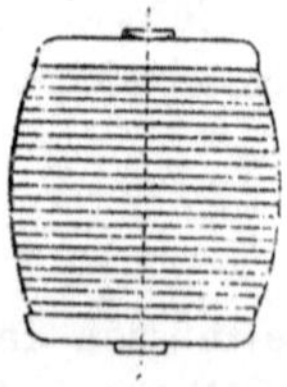

Fig. 9.

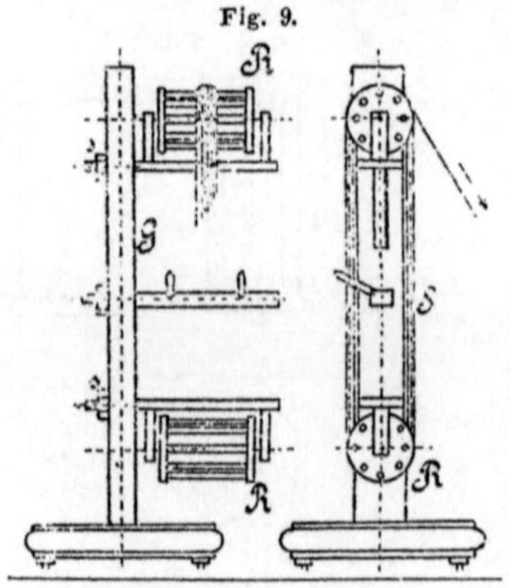

Fig. 10.

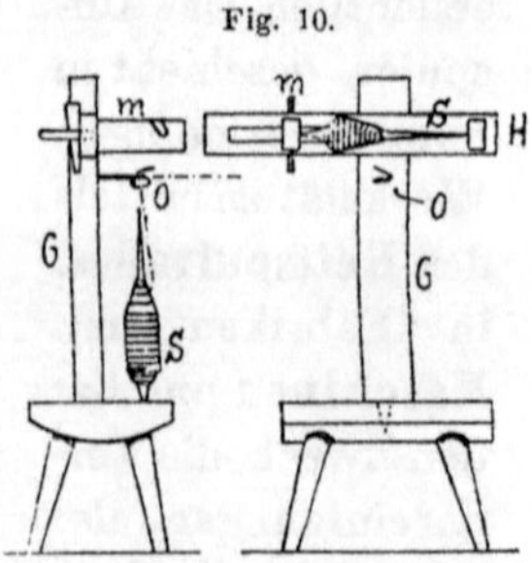

Gewisse Garne, z. B. Streichgarne, werden von Spinnkötzern abgespult, welche, auf eine Holzspille gesteckt, in das Kopshaltergestell, Fig. 10, eingelegt werden.

Spulen- und Garnberechnung.

Was die auf eine Spule zu wickelnde Menge des Garnes anbelangt, so richtet sich dieselbe nach dem Gesamterfordernis des Kettenmaterials unter Berücksichtigung der für das nachfolgende Schweifen erforderlichen Spulenzahl.

Beispiele: Eine Kette erfordert 120 Strähne; wieviel Strähne sind auf eine Spule zu bringen, wenn der Gang 80 Fäden enthält?

Nachdem für 80 Faden **Ganghöhe** 40 Spulen aufgesteckt werden, so ergibt sich: — 120 Strähne : 40 Spulen = 3 Strähn für eine Spule. Oder: Wieviel Strähne sind auf eine Spule zu bringen, wenn die Ganghöhe 160 Faden groß ist und die Kettenmenge 360 Strähne beträgt? Antwort: 360 Strähne : 80 Spulen = 4·5 Strähn für eine Spule.

Im Falle die berechnete Materialmenge auf eine Spule nicht untergebracht werden kann, wenn sie also nicht so viel faßt, so nimmt man die doppelte Spulenzahl und die Hälfte Garnmenge für eine Spule und steckt nach Ablauf des Garnes beim Schweifen ein zweitesmal an.

Sind keine Strähne vorhanden, wie z. B. bei Schafwollketten, sondern Kops, so wiegt man ein Kops auf der Wage ab und dividiert dieses Gewicht (in Kilogramm ausgedrückt) in das Gesamtgewicht des erforderlichen Kettenmaterials in Kilogramm; man erhält die Zahl der Kops für die ganze Kette. Oder man ermittelt die Zahl der Kops für 1 *kg* durch Abwägen von 1 *kg* Garn und multipliziert mit dem Gesamtgewichte, so erhält man auch die Gesamtmenge der Kops. In letztere Zahl dividiert man die Spulenzahl (z. B. halbe Gangzahl) und erhält die Anzahl Kops für eine Spule. Oder man ermittelt das Garngewicht für eine Spule in *kg* und multipliziert mit der Kopszahl für 1 *kg*, so erhält man gleichfalls die Zahl der Kops für eine Spule.

B e i s p i e l e: Eine Kette erfordert 14 *kg* Garn; wieviel Material ist auf eine Spule zu bringen, wenn der Gang 80 Fäden enthält? Antworten:

a) Kettengewicht in *kg* : Kopsgewicht in *kg* = Gesamtzahl der Kops: Gesamtzahl der Kops : Spulenzahl = Zahl der Kops für eine Spule;

b) Kettengewicht in *kg* × Zahl der Kops für 1 *kg* = Gesamtzahl der Kops;

daher wieder Gesamtzahl der Kops : Spulenzahl = Zahl der Kops für eine Spule;

c) Kettengewicht in *kg* : Spulenzahl = Garngewicht einer Spule; Garngewicht für eine Spule × Zahl der Kops für 1 *kg* = Zahl der Kops für eine Spule.

In einer Rechenoperation durchgeführt, ergibt:

$$\text{ad a) } \frac{\text{Kettengewicht in } kg : \text{Kopsgewicht in } kg}{\text{Spulenzahl}} =$$

$$= \frac{\text{Kettengewicht in } kg}{\text{Kopsgewicht in } kg \times \text{Spulenzahl}} = \textbf{Zahl der Kops für eine Spule;}$$

$$\text{ad b) } \frac{\text{Kettengewicht in } kg \times \text{Zahl der Kops für 1 } kg}{\text{Spulenzahl}} = \textbf{Zahl der Kops für eine Spule;}$$

$$\text{ad c) } \frac{\text{Kettengewicht in } kg}{\text{Spulenzahl}} \times \text{Zahl der Kops für 1 } kg = \textbf{Zahl der Kops für eine Spule;}$$

demnach für unser Beispiel (12 Kops für 1 *kg*; oder 1 Kops = 0·083 *kg*)

$$\frac{14\ kg \text{ Kettengewicht}}{0{\cdot}083\ kg \text{ Kopsgewicht} \times 40 \text{ Spulen}} = 4{\cdot}2 \text{ Kops für eine Spule}$$

$$\text{oder } \frac{14\ kg \text{ Kettengewicht} \times 12 \text{ Kops für 1 } kg}{40 \text{ Spulen}} = 4{\cdot}2 \text{ Kops für eine Spule;}$$

$$\text{oder } \frac{14\ kg \text{ Kettengewicht}}{40 \text{ Spulen}} \times 12 \text{ Kops für 1 } kg = 4{\cdot}2 \text{ Kops für eine Spule.}$$

Ganz allgemein wird die Materialmenge für 1 Spule wie folgt berechnet: Bedeutet **S** die Strähnzahl der Kette,
s die Spulenzahl,
m die Zahl der Strähne für 1 Spule, so ist

$$m = \frac{S}{s}; \text{ ferner}$$

G das Gewicht des Kettenmaterials in Kilogramm,
g das Kopsgewicht in Kilogramm,
K die Gesamtzahl der Kops der Kette, so ist

$$K = \frac{G}{g} \text{ und}$$

n die Zahl der Kops für 1 Spule, so ist

$$n = \frac{K}{s} = \frac{G}{g \times s};$$

bedeutet ferner **k** die Zahl der Kops für 1 *kg*, so ist auch

$$n = \frac{G \times k}{s}$$

und bedeutet **v** das Garngewicht für 1 Spule, so ist

$$v = \frac{G}{s}$$

und auch $n = v \times k$, beziehungsweise, falls die Strähnzahl der Kette und die Strähnzahl für 1 Spule gegeben ist,

$s = \frac{S}{m}$ = die halbe Gangzahl = Spulenzahl oder falls das Kettengewicht und die Zahl der Kops für 1 Spule gegeben ist,

$$s = \frac{K}{n} = \frac{G}{g \times n} = \text{Spulenzahl}$$

$$\text{oder } s = \frac{G \times k}{n}, \text{ bzw. } s = \frac{G}{v}.$$

Drückt man diese Rechenoperationen in Worten aus, so ergibt sich:

Die Zahl der Strähne für 1 Spule = $\frac{\text{Strähnzahl der Kette}}{\text{Spulenzahl}}$;

die Gesamtzahl der Kops der Kette = $\frac{\text{Gewicht der Kette}}{\text{Kopsgewicht}}$;

die Zahl der Kops für 1 Spule = $\frac{\text{Gesamtzahl der Kops}}{\text{Spulenzahl}}$;

das Garngewicht für 1 Spule = $\frac{\text{Gewicht der Kette}}{\text{Spulenzahl}}$;

die Zahl der Kops für 1 Spule = Garngewicht für 1 Spule × Zahl der Kops für 1 *kg*.

Die Spulenzahl = $\frac{\text{Strähnzahl der Kette}}{\text{Strähnzahl für 1 Spule}}$; oder

die Spulenzahl = $\frac{\text{Gesamtzahl der Kops}}{\text{Zahl der Kops für 1 Spule}}$; endlich

die Spulenzahl = $\frac{\text{Gewicht der Kette}}{\text{Garngewicht der Spule}}$.

Ist die berechnete Kopszahl für 1 Spule zu groß, so daß man die bezügliche Garnmenge nicht unterbringt, so wird sie auf die doppelte oder dreifache Spulenzahl gespult und nach Ablaufen beim Schweifen wiederholt aufgesteckt.

Enthält die Kette Schweifmuster, d. h. eine vielfache Wiederholung von Farbenfolgen, so ändert sich die Berechnung des Materials pro Spule nicht, sondern wird so verfahren wie bei glatter Kette. Wird hingegen ein Teil des Schweifmusters mehrere Male auf- und abgeschweift, ein anderer nur einmal, so erhalten die letzteren Spulen eine verhältnismäßige Länge oder einen Bruchteil Gewicht an Garn. Alle derartigen Berechnungen sind nur dann notwendig, wenn keine **Reste** verbleiben sollen. Geringfügige Reste werden zu Zwirnen und Leistenfäden verbraucht.

II. Das Schweifen.

Das Schweifen hat den Zweck, die dem Muster entsprechenden Kettenfaden parallel nebeneinander zu legen und die gleiche Länge derselben herzustellen. Man bedient sich dazu einer Vorrichtung, welche **Schweifrahmen** heißt, Fig. 11, und in den meisten Fällen die Gestalt einer senkrecht stehenden, 8 bis 12 oder 16 armigen, ungefähr $1^1/_2$ bis 2 *m* hohen, im übrigen aus Holz gebauten Haspel besitzt. Die Achse des Schweifrahmens läuft mit ihren untern Zapfen in einem Holzlager am Fußboden, so daß das Ganze leicht drehbar ist. Im oberen Teile liegt das **Schrankholz** für das Fadenkreuz, im unteren Teile jenes für das Gangkreuz, welche die horizontalen eingesteckten Holzstifte enthalten. Zum Schweifen gehört als Hilfsmittel ein rahmenartiges Gestell, Fig. 12, die **Schweiflatte** oder **Schweifstock**, worin die Kettenspulen, in mehreren Reihen abgeteilt, auf Drähten stecken; dieses Spul-

Fig. 11.

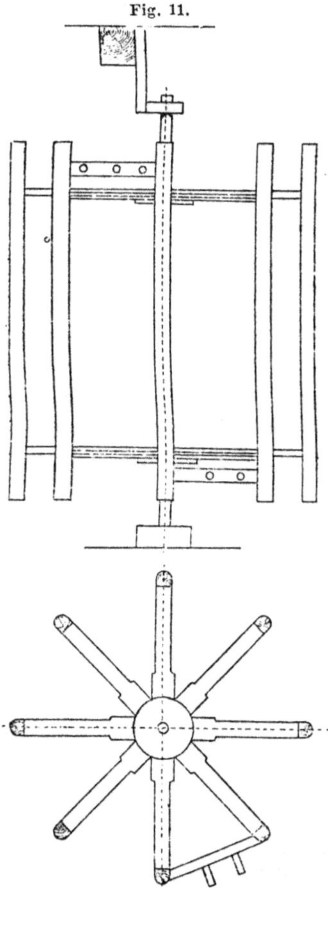

Fig. 12.

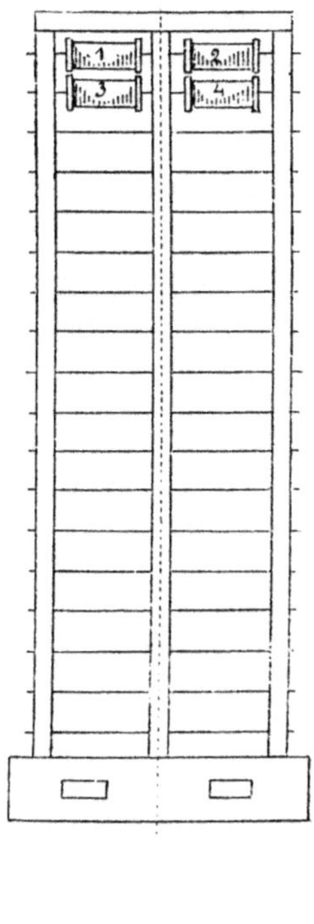

gestell ist manchmal geneigt, Fig. 13, oder gewöhnlich vertikal angeordnet in zwei bis vier oder mehr vertikalen Reihen. Kommen zwei Spulen unmittelbar nebeneinander, Fig. 14, so ist dafür zu sorgen, daß sich die Spulen entgegengesetzt drehen, weil sonst ein schädliches Überlaufen oder **lockeres** Laufen stattfindet. Die Anzahl Spulen, mit denen man schweift, ist nicht beliebig, sondern hängt von der Länge und von der Fadenzahl des Gewebes, sowie von der Fadenzahl des Musters ab. In früherer Zeit schweifte man mit 20 Spulen oder Faden und nachdem man mit diesen hinunter und herauf geschweift hatte, nannte man diesen Fadenbündel einen **Gang**. Die Anzahl Fäden in einem Gange betragen 20 bis 40 bis 80 und mehr.

Fig. 13.

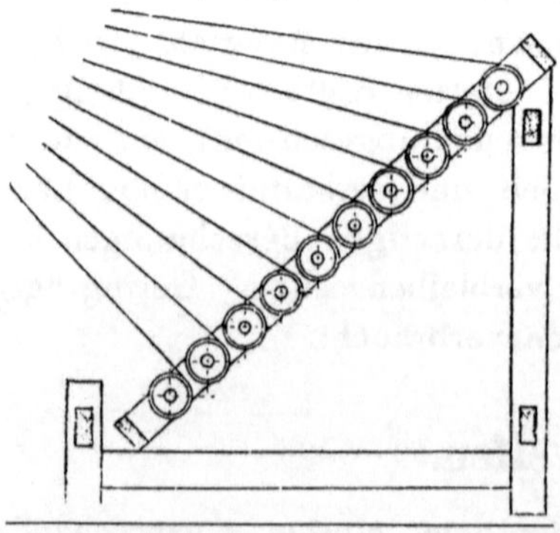

Fig. 14.

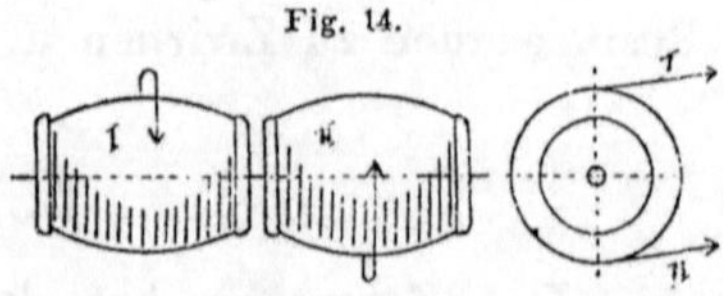

Wenn die Ware mehrfarbig ist, so richtet sich die Anzahl der Spulen nach dem Schweifmuster. Ein Muster enthält z. B.:

18 Faden grau,
4 „ blau,
22 Faden zu 1 Muster.

Man kann dieses Muster mit 22, 44, 66 oder 88 Spulen schweifen, vorausgesetzt, daß nicht zu wenig Garn auf eine Spule entfällt; darnach nehmen wir an, wir schweifen mit 44 Spulen und brauchen 88 Strähn für die gesamte Kette; auf eine Spule entfällt demnach 88 : 44 = 2 Strähn, was uns genügt. Hat das Muster eine größere Fadenzahl, als Spulen im Spulengestelle untergebracht werden können, so läßt sich das Muster nur durch mehrmaliges Schweifen herstellen. Z. B.: Zu einem baumwollenen Gewebe benötigt man folgendes Schweifmuster:

120 Faden rot,
2 „ blau,
1 „ weiß,
5 „ braun,
6 „ rot,
3 „ weiß,
3 „ braun,
6 „ rot,
5 „ weiß,
1 „ braun,
6 „ blau,
2 „ gelb,
160 Faden zu 1 Muster.

Dieses Gewebe enthielte ferner über die ganze Breite 2480 Faden, so ergeben sich: — 2480 : 160 = 15·5 Muster = 15 volle Muster + 80 Faden. Die Spulenzahl müßte, um regelmäßig zu schweifen, 160 sein; das Spulengestell nimmt jedoch nicht so viel auf; man teilt deshalb das Muster in zwei Partien mit 120 Faden (rot), welche mit 60 Spulen hinunter- und hinaufgeschweift werden.

Die zweite Partie mit 40 Faden kann nur wieder mit 40 Spulen heruntergeschweift werden. Diese 40 Spulen müssen in einem zweiten Spulengestell untergebracht werden. Die erste Partie erhält demnach pro Spule die doppelte Garnmenge jener der zweiten.

Berechnung des Garnmateriales einer Kette.

Die Garnlängeneinheit, wie dieselbe im Handel vorkommt, ist der Strähn von bestimmter Länge, welcher sich nach der Haspelung und Numerierung der Garne richtet, z. B. für Baumwollgarn ist ein Strähn nach der metrischen Nummer = 1000 *m* lang (nach der englischen Nummer = 768 *m*), oder für weiches Kammgarn und Streichgarn = 1000 *m*; für Leinen-, Werg-, Jute- und Hanfgarn nach der metrischen Nummer = 1000 *m* (nach der englischen Nummer = 2743 *m*). Infolge der Abfälle, welche sich beim Spulen, Schweifen und Weben sowie wegen Einarbeitung ergeben, ist für eine bestimmte Warenlänge ein größeres Quantum Garn erforderlich, welches von 2 bis 10% variieren kann.

Um nun die Berechnung nach den Ergebnissen der Dekomposition möglichst einfach zu gestalten, nimmt man die Strähnlängen um 2 bis 10% kürzer an; man erhält so eine größere Zahl an Längeneinheiten. Diese um den erfahrungsmäßigen Prozentsatz verringerte Strähnlänge heißt **Verbrauchslänge**; sie beträgt z. B. bei einfachem

Baumwollgarn	**940** *m*	statt	1000 *m*	d. wirkl. Strähnlänge	od.	(720 *m* statt	768 *m*)
Leinengarn	**966** *m*	"	1000 *m*	" "	"	(2650 *m* "	2743 *m*)
Streichgarn	**950** *m*	"	1000 *m*	" "	"		
Baumwollzwirn	**905** *m*	"	1000 *m*	" "	"	(705 *m* "	768 *m*)

Unter der **Kettendichte** versteht man die Fadenzahl für 1 *cm* Warenbreite. Die Warenbreite wird in *cm* angenommen. Unter der **Schweiflänge** der Kette versteht man die um die Einarbeitung der Kette und der sogenannten Trumlänge (unverwebter Kettenzuschlag) vermehrte Warenlänge. Die Schweiflänge ergibt sich daher aus der Summe von Warenlänge mehr der Einarbeitung und des unverwebbaren Kettentrums.

Man findet somit die **Gesamtfadenzahl der Kette** = Kettendichte für 1 *cm* × Warenbreite in *cm*; ferner die **Gesamtzahl der Strähne** =

$$= \frac{\text{Kettenfadenzahl} \times \text{Schweiflänge}}{\text{Verbrauchslänge}};$$

oder wenn man eine Fadenlänge (Schweiflänge) in Bruchteilen von Strähnen — man kann sie auch als relative Strähnmenge für 1 Faden bezeichnen —

ausdrückt, ist die **Gesamtzahl der Strähne** = Schweiflänge in Strähnteilen × Fadenzahl der Kette, wobei die **Schweiflänge in Strähnteilen** =

$$= \frac{\text{Schweiflänge}}{\text{Verbrauchslänge}}$$ ist; z. B. Wieviele Strähne erfordert eine Baumwollkette von 55 *m* Schweiflänge und einer Fadenzahl von 1200?

$$\text{Strähnzahl} = \frac{1200 \text{ Faden} \times 55 \; m \text{ Schweiflänge}}{940 \; (720) \; m \text{ Verbrauchslänge}} = 70{\cdot}2 \; (92) \text{ Strähn; oder}$$

$$\text{Strähnzahl} = \text{rel. Strähnmenge} \times \text{Fadenzahl} = \frac{55 \; m \text{ Schweiflänge}}{940 \; (720) \; m \text{ Verbrauchslänge}} \times$$

$$\times \; 1200 \text{ Fadenzahl} = 70{\cdot}2 \; (92) \text{ Strähn.}$$

Die auf einen Faden bezogene Strähnmenge — **die relative Strähnmenge** — hat den Vorteil, daß man bei gleicher Schweiflänge sehr rasch für jede Fadenzahl oder Dichte die Strähnsumme berechnen kann.

Z. B. Wieviele Strähne sind für eine Leinenware von 80 *cm*, von 96 *cm* oder 120 *cm* Breite erforderlich, wenn die Schweiflänge 48 *m* und die Dichte für 1 *cm* = 18 Faden betragen?

$$\textbf{Rel. Strähnmenge für 1 Faden} = \frac{48 \; m}{966 \; (2650) \; m} = 0{\cdot}0496 \; (0{\cdot}0181) \text{ Strähne.}$$

Rel. Strähnmenge für 1 *cm* = 0·0496 (0·0181) Strähn × 18 = 0·893 (0·3258) Strähn;
Strähnmenge für 80 *cm* = 0·893 (0·3258) × 80 *cm* = 71·44 (26·06) Strähne;
„ „ 96 *cm* = 0·893 (0·3258) × 96 *cm* = 85·72 (31·28) „
„ „ 120 *cm* = 0·893 (0·3258) × 120 *cm* = 107·16 (39·1) „ usw.

Soll aus einer vorhandenen Strähnsumme und der Kettenfadenzahl die **Schweiflänge** gefunden werden — um Garnreste aufzuarbeiten —, so dividiert man die Strähnsumme durch die Fadenzahl und erhält die relative Strähnmenge, welche mit der Verbrauchslänge zu multiplizieren ist, demnach

$$\textbf{Schweiflänge} = \frac{\text{Strähnsumme}}{\text{Fadenzahl}} \times \text{Verbrauchslänge}$$

oder was für die allgemeine Kalkulationsrechnung von Wichtigkeit ist,

$$\textbf{Verbrauchslänge} = \frac{\text{Schweiflänge} \times \text{Fadenzahl}}{\text{Strähnsumme}},$$ was leicht verständlich ist und direkt aus praktischen Fällen entnommen werden kann, woraus sich der Verlust in Prozenten aus Strähnlänge : Verbrauchslänge = 100 : x und die Prozent Verluste = 100 — x berechnet.

Bei gemusterten Waren muß jede Farbe nach Strähnzahl berechnet werden. Der Vorgang ist folgender: Man rechnet wieder die relative Strähnmenge eines Fadens $\left(\frac{\text{Schweiflänge in } m}{\text{Verbrauchslänge in } m}\right)$, multipliziert diese Zahl mit der Fadenzahl nach den verschiedenen Farben über die ganze Breite.

Die Fadenzahl nach Farben findet man, wenn man die Farbenzahl für 1 Schweifmuster mit der Musterzahl multipliziert. So enthält mit Zugrundelegung des Beispieles Seite 10 das gegebene Schweifmuster:

132	Faden	rot	für 1	Muster
8	„	blau	„ „	„
9	„	weiß	„ „	„
9	„	braun	„ „	„
2	„	gelb	„ „	„

160 Faden für 1 Muster, im ganzen 2480 : 160 = = 15·5 Muster oder 15 volle Muster und 80 Faden

132 rot	× 15 Muster	+ 80 Faden	=	2060	Faden	rot
8 blau	× 15 „	+ — „	=	120	„	blau
9 weiß	× 15 „	+ — „	=	135	„	weiß
9 braun	× 15 „	+ — „	=	135	„	braun
2 gelb	× 15 „	+ — „	=	30	„	gelb
160 Faden	× 15 Muster	+ 80 Faden	=	2480	Faden.	

Wenn man die Schweiflänge mit 90 *m* annimmt, so ergibt sich die rel. Strähnmenge pro Faden $= \frac{90\ m\ \text{Schweiflänge}}{940\,(720)\ m\ \text{Verbrauchslänge}} = 0{\cdot}0957\ (0{\cdot}125)$ und für die einzelnen Farben

0·0957 (0·125)	Strähne	×	2060 rot	=	197·14 (257·50)	Strähn
0·0957 (0·125)	„	×	120 blau	=	11·48 (15·—)	„
0·0957 (0·125)	„	×	135 weiß	=	12·92 (16·88)	„
0·0957 (0·125)	„	×	135 braun	=	12·92 (16·88)	„
0·0957 (0·125)	„	×	30 gelb	=	2·87 (3·75)	„ und die Probe
0·0957 (0·125)	Strähne	×	2480 Fäden	=	237·33 (310·01)	Strähn.

Bei Streich- oder Kammgarnketten und für alle Garne metrischer Numerierung wird die Materialmenge zumeist in *kg* berechnet. Der Vorgang ist ein ähnlicher:

Die **relative Gewichtsmenge für 1 Faden** =

$$= \frac{\text{Schweiflänge in } m}{\text{Garnnummer} \times 1000\ m\ \text{Strähnlänge}}.$$

Z. B. Wieviel Garn ist für eine Kette von 36 *m* Schweiflänge und 4800 Faden und Garnnummer 12 erforderlich? (12 × 1000 *m* = 1 *kg* Gewicht.)

Antwort: relative Gewichtsmenge für 1 Faden $= \frac{36\ m}{12 \times 1000\ m} = 0{\cdot}003\ kg$; 0·003 × 4800 Faden = 14·4 *kg* **Kettengewicht**, wozu man noch z. B. 5 % Verlust schlägt, also = 1·05 × 14·4 = 15·12 *kg*.

Hat man einen Garnrest aufzuarbeiten, so tritt folgende Frage häufig auf: Wie groß ist die Schweiflänge der fraglichen Kette, wenn der Garnrest 11 *kg* und die Garnnummer 12 und die Fadenzahl 4800 beträgt?

Antwort:

$$\textbf{Schweiflänge} = \frac{\text{Garnnummer} \times 1000\ m\ \text{Strähnlänge} \times 11\ kg\ \text{Gewicht}}{4800\ \text{Faden}} =$$

$= \frac{12.000 \times 11}{4800} = 27{\cdot}5\ m$, wovon wegen der Verluste z. B. 5 % in Abzug gebracht werden müssen, demnach 0·95 × 27·5 = 26 *m* Schweiflänge.

Allgemein betrachtet stellt sich die Berechnung wie folgt:
Bedeutet **l** die Verbrauchslänge des Strähnes in *m*,
L die Schweiflänge in *m*,
F die Fadenzahl der Kette,
d die Fadendichte für 1 *cm*,
f die Fadenzahl für 1 Schweifmuster,
f_1 die Musterzahl,
r die relative Strähnmenge für 1 Faden,
k_1 die relative Gewichtsmenge fur 1 Faden,
G die Gewichtsmenge der Kette in *kg*,
N die Garnnummer,
B die Warenbreite in *cm*,
S die Gesamtzahl der Strähne der Kette,

$$F = d \times B$$

$$S = \frac{F \times L}{l}$$

$$r = \frac{L}{l}$$

$$S = r \times F$$

$$L = \frac{S}{F} \times l$$

$$l = \frac{L \times F}{S}$$

$$\text{Verlust in } \% = 100 - \frac{100 \times l}{\text{Strähnlänge}}$$

$$k_1 = \frac{L}{N \times l}$$

$$G = k_1 \times F$$

$$L = \frac{N \times l \times G}{F}$$

Will man diese Formeln in Sätzen ausdrücken, so setze man statt der Buchstaben die Wortdeutungen.

Verfahren beim Aufstecken der Spulen.

Die mit dem Garne versehenen Spulen müssen ein für allemal nach der Regel und Reihenfolge der Fäden im Muster auf der Schweiflatte untergebracht werden. Man beginnt hiebei von oben links, geht nach rechts und sobald eine Horizontalreihe vollendet ist, steckt man die nächsttiefere in derselben Weise an, Fig. 12.

Nach dem Aufstecken folgt das Einziehen der Fäden in das **Lesebrett,** d. i. ein Brettchen, welches eine Reihe oder zwei Reihen Löcher besitzt, Fig. 15 und 16. Die Löcher des Lesebrettchens enthalten **Glasringe** oder **Porzellanaugen,** um die Fäden vor Beschädigung zu bewahren. Das Einziehen geschieht gleichfalls von oben nach abwärts der Reihe nach und ist auch dieses geschehen, so verbindet man sämtliche Enden durch einen Knoten und führt sie zum Schweifrahmen.

Verfahren beim Schweifen auf dem einfachen Schweifrahmen.

Um die Kette der ganzen Länge nach auf dem Schweifrahmen aufzuwinden, ist es nötig, die durch den Knoten vereinigten Fäden an den ersten Nagel – Kopfnagel – des oberen Schrankholzes aufzustecken. Nachdem dies geschehen, folgt sofort die Bildung des **Fadenkreuzes.** Dasselbe wird dadurch hergestellt, daß man beim Beginn (Herabschweifen), Fig. 17, das Lese-

Fig. 15.

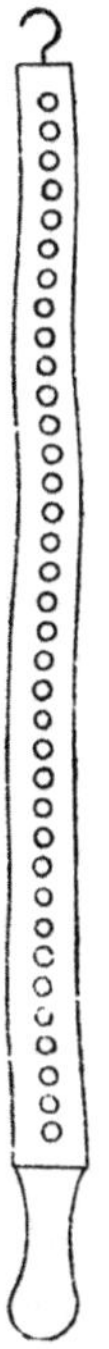

Fig. 16.

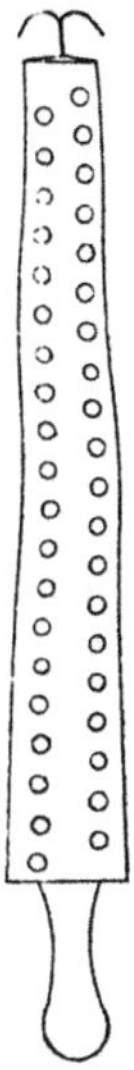

Fig. 17.

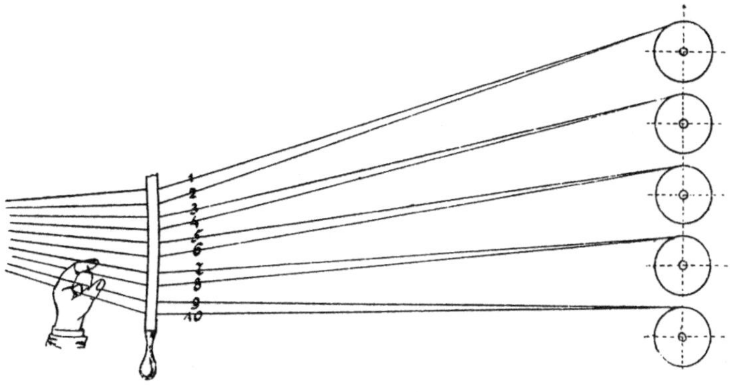

brettchen in der rechten Hand hält und mit dem Zeigefinger und Daumen der linken Hand in genauer Reihenfolge von unten nach oben die Fäden dergestalt zwischen den Fingern einliest, daß ein Kreuz entsteht. Man beginnt dabei mit dem Zeigefinger, bringt den ersten Faden unter den Zeigefinger und über den Daumen, den zweiten über den Zeigefinger und unter den Daumen und fährt so fort, bis alle Fäden verkreuzt sind. Zeigefinger und Daumen werden durch den zweiten und dritten **Kreuznagel** ersetzt. Nun wird dem Schweifrahmen ein schwacher **Stoß** gegeben, u. zw. von rechts nach links, damit er sich drehe, und mit der rechten Hand das Lesebrettchen gehalten, während die linke Hand sämtliche Faden lose zu einem Bündel vereinigt, dieselben von Flügel zu Flügel in Spiralform auflegt und so einen halben Gang der Kette herstellt. Die Anzahl der Haspelumfänge, Ringe oder der **Schmitzen** ist selbstverständlich von dem Verhältnisse der Kettenlänge zum Umfange der Haspel abhängig. Eine Kette, welche 100 *m* erfordert und z. B. auf eine Haspel von 4 *m* Umfang geschweift werden soll, benötigt 100 : 4 = 25 Umgänge. Ist man am unteren Ende angelangt, so werden die Fäden um die unteren **Schranknägel** gelegt und das **Gangkreuz** gebildet. Wie viele Fäden zu einem Gängchen zu nehmen sind,

— sie werden partienweise dem Lesebrettchen entnommen —, richtet sich nach der Dichte der Kette, nach der Musterzahl und nach den Zähnen des Reihkammes. Sind die Gängchen an das Schrankholz gebracht, so wird der Schweifrahmen in entgegengesetzter Richtung gedreht und nach aufwärts geschweift und so wieder ein halber Gang hergestellt; beide zusammen stellen einen Gang dar.

Oben angelangt, wird nach Fig. 18 das rechte Fadenkreuz gebildet,

Fig. 18.

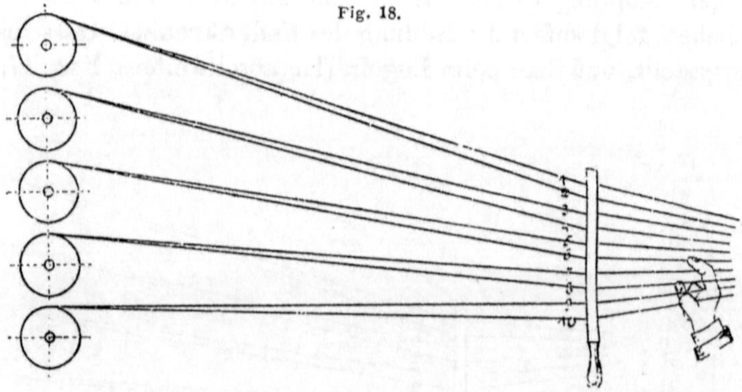

dasselbe an die Nägel gebracht und hierauf die Umkehr vollführt. Inzwischen werden alle Ringe mit Farbe längs eines Flügels gekennzeichnet, welchen Arbeitsvorgang man das **Schmitzen** nennt. Die Länge einer Schmitze ist demnach gleich dem Rahmenumfange. Bei fortwährendem Auf- und Abschweifen müssen die Gänge gekreuzt oder geschränkt werden.

Fig. 19.

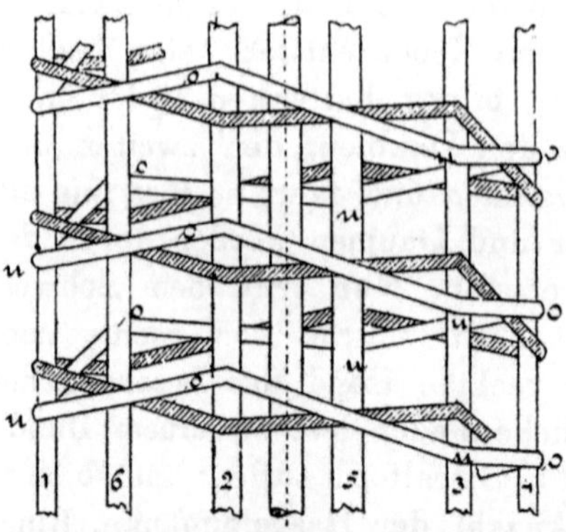

Das **Schränken,** Fig. 19, dient dazu, daß sich beim Aufwickeln der Kette auf den Webkettenbaum die Gängchen leicht teilen lassen. In jedem Falle aber darf das Schränken nicht bis zum Schlusse vorgenommen werden, weil sich sonst erhöhte Ringe bilden, welche ungleich lange Fäden liefern; es werden daher gewöhnlich zwei Drittel der Gänge geschränkt und das letzte Drittel in die Mitte geschweift. In manchen Fällen ist das Hinauf- und Hinabschweifen nicht gleich, sondern verlangt noch eine andere Arbeit, welche das **Stürzen** heißt. Dasselbe hat den Zweck, auf einfache Art symmetrisch angeordnete Muster mit der halben Spulenzahl zu schweifen, z. B.:

60	Faden	schwarz,
2	"	blau,
6	"	schwarz,
2	"	blau,
2	"	schwarz,
4	"	gelb,
2	"	schwarz,
2	"	blau,
6	"	schwarz,
2	"	blau,
88	Faden	à Muster ergibt folg. Schweifzettel:

30	Faden	schwarz,	zu stürzen
2	"	blau,	
6	"	schwarz,	
2	"	blau,	
2	"	schwarz,	
2	"	gelb,	
44	Faden		

was folgende Musteranordnung ergibt.

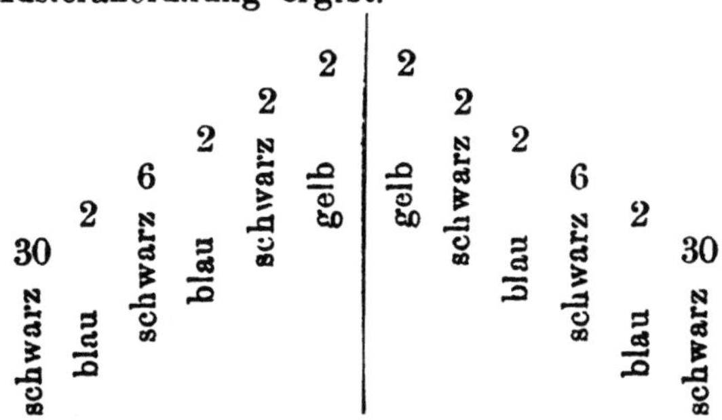

Nun wird während des Schweifens das Stürzen folgendermaßen durchgeführt:

Hat man hinuntergeschweift und das Gangkreuz wie gewöhnlich gebildet, so folgt das Stürzen, d. h. dasjenige Gängchen, welches zuerst eingelesen wurde, findet seinen Platz zuletzt am Schrankholze. Oben angelangt, wendet man das Lesebrettchen mit dem Haken nach abwärts, liest von unten nach oben wie gewöhnlich ein, bringt das Kreuz an die Nägel und dreht das Brettchen in seine frühere Stellung zurück. Durch das Umdrehen des Lesebrettchens vor dem Kreuzbilden kommen die Fäden entgegengesetzt an die Kreuznägel, der erste zuletzt, der letzte zuerst. Für kurze Musterketten mit geringer Fadenzahl benützt man bisweilen das

Musterkettenschweifgestell.

In der Modewarenerzeugung, insbesonders in der Buckskinweberei werden die sogenannten Handmuster, welche als Vorbild zur späteren

Durchführung der Stückware dienen, auf Musterwebstühlen hergestellt. Die Ketten hiezu haben ganz geringe Länge (etwa 1·5 bis 3 *m*). Zur raschen Herstellung solcher **Musterketten** bedient man sich eines einfachen, an einer Wand befestigten Schweifrahmens, Fig. 20. Das Spulengestell *R* mit

Fig. 20.

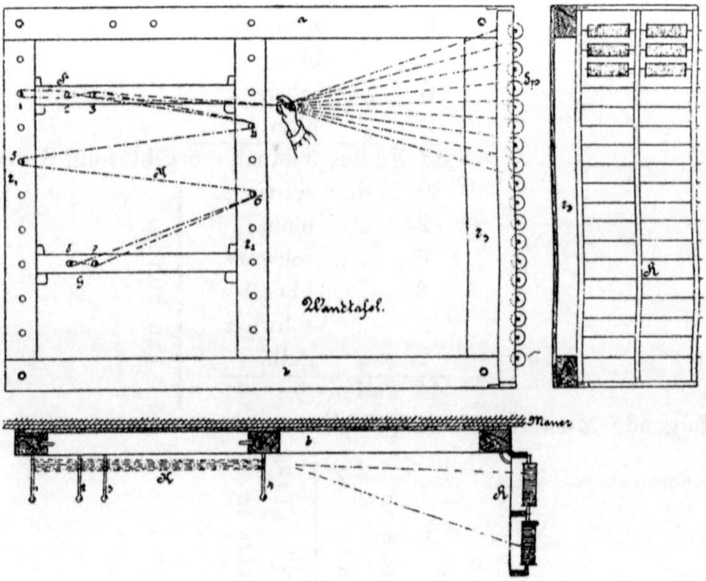

den aufgesteckten Spulen wird im rechten Winkel am Riegel r_3 festgestellt und nach Fertigstellung der Kette wieder an den Rahmen *a b* umgeklappt. Die Kettenfäden werden am oberen Schrankholze befestigt und im Zickzack nach abwärts geschweift, worauf sie je nach Länge um die Nägel des Gangkreuzholzes *G* wieder zurückgeleitet werden. Den Raum zwischen dem zweiten und dritten Riegel kann eine Wandtafel ausfüllen, auf welcher Notizen und Berechnungen, das Schweifmuster betreffend, ausgeführt werden können.

Um die Arbeit des Schweifens zu erleichtern, steht die

Mechanische Schweifmühle in Verwendung.

Die Umdrehung des Schweifrahmens wird mittels einer Kurbel, Fig. 21, bewirkt, die sich in einer Sitzbank *b* befindet. Die senkrechte Achse dieser Kurbel dreht über dem Boden eine Scheibe *c*, von welcher eine endlose Schnur auf eine größere, am unteren Ende der Welle befestigte Scheibe *a* läuft, so daß also der Rahmen durch Drehen an der Kurbel rotiert. Diese Bewegung wird zugleich mit einer Vorrichtung verbunden, welche dem Arbeiter das Halten des Lesebrettchens erspart. An dem oberen Ende der Welle *n'* ist eine Schnur befestigt, welche zuerst horizontal, dann über eine Rolle *e* vertikal herabläuft, hernach über eine zweite *f* an einem

Gleitstücke *i* dem Fadenführer zurück über eine dritte Rolle *g*, von hier über eine vierte Rolle *h* und endlich zu einem Sperrade *s* führt. Durch das Aufwickeln der Schnur auf die Haspelwelle bewegt sich der Faden-

Fig. 21.

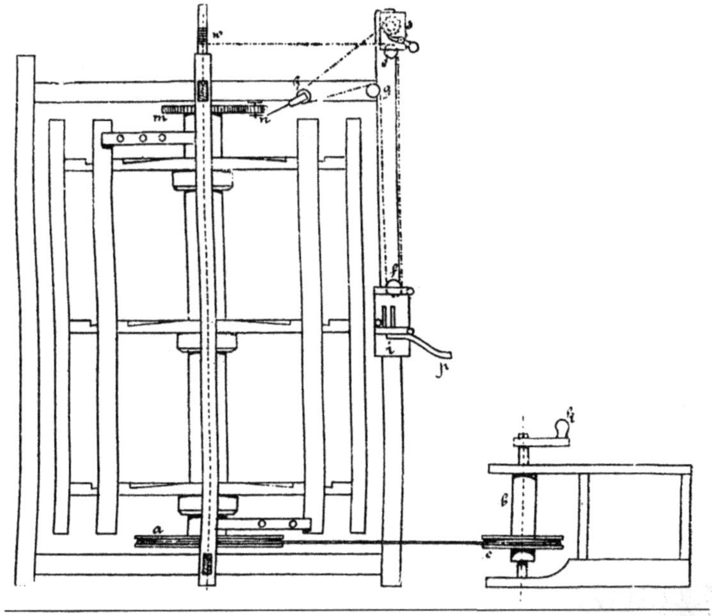

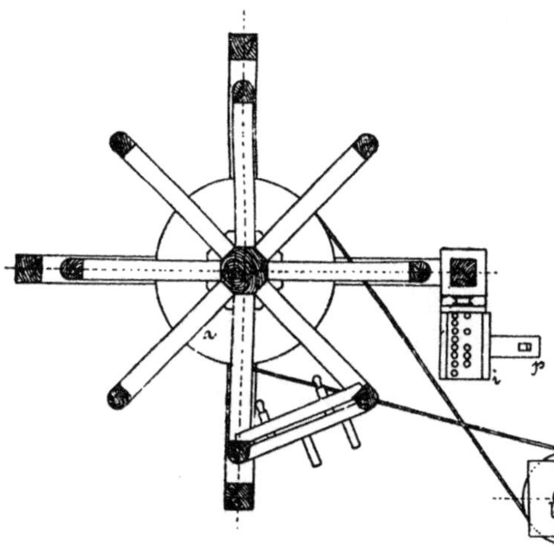

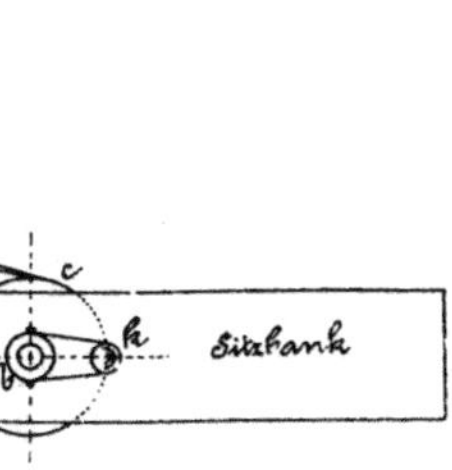

Fig. 22.

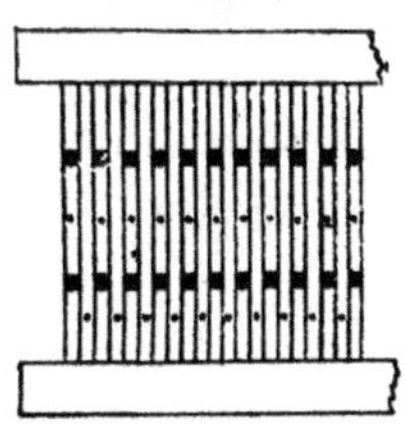

führer mit dem Lesebrettchen bei *p* aufwärts, durch das Abwickeln nach abwärts. Damit ferner die einzelnen Gänge am Rahmen nebeneinander zu liegen kommen, verlängert man die Schnur, indem man dieselbe von Zeit zu Zeit durch das Sperrad *s* abwickelt, so daß der Fadenführer stets etwas tiefer zu stehen kommt; aber auch das Schränken wird mechanisch durch eine Kurbelbewegung des Zahnrades *n* erzielt, welches von dem auf der Achse aufgekeilten Rade *m* mit einer Übersetzung 1 : 4 angetrieben wird. Der Fadenführer bewegt sich infolgedessen auf- und abtauchend. Zur Herstellung des Fadenkreuzes dient auch der **Rispel-** oder **Lesekamm,** Fig. 22, welcher sonst in der mechanischen Weberei angewendet wird. Die Zahnöffnungen sind zum Teil, wie in Fig. 22 ersichtlich, zugelötet. Die Fäden sind auf gewöhnliche Art eingezogen und man erhält durch einfaches Auf- und Abwärtsdrücken sehr rasch das Fadenkreuz. Gewöhnlich wird bei *p* das Lesebrettchen eingesteckt.

Das Abnehmen der Kette vom Schweifrahmen.

Ist eine Kette auf die eine oder andere Art fertig geschweift, so wird durch das Gang- und Fadenkreuz eine feste Schnur, die **Fitzschnur** oder **Kreuzschnur,** gezogen und mit ihr die beiden Fadenkreuze fest unterbunden, um die Fäden vor Verwirrung zu bewahren. Baumwoll- und Leinengarnketten werden zu einem **Knäuel,** Fig. 23, **gewickelt.** Schafwollgarnketten, Fig. 24, werden **gelegt,** und Seidenketten auf einen sehr glatten runden Stock, **Seidenstock,** Fig. 25, gewickelt; oft werden Baumwoll-, Woll- und Leinenketten zu einer Kette verschlungen, **gekettelt,** Fig. 26. Beim Aufwickeln von Seidenketten beginnt man mit dem Fadenkreuze.

Fig. 23.

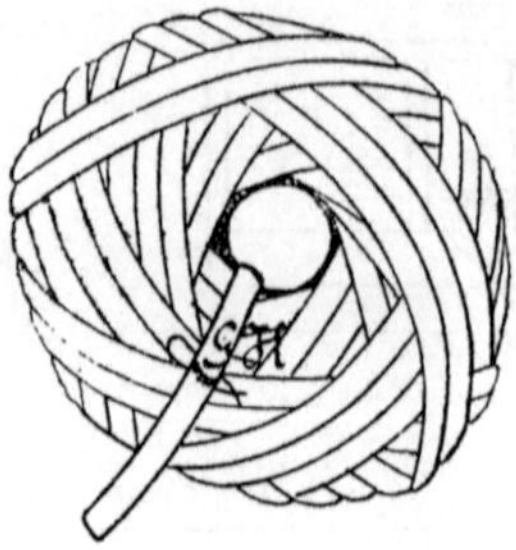

Fig. 24.

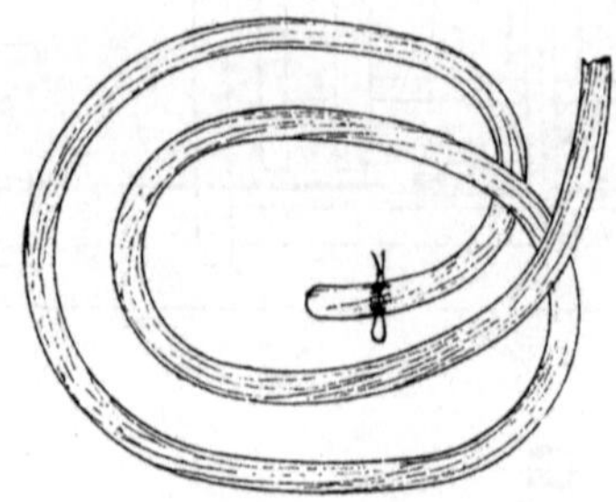

Fig. 25.

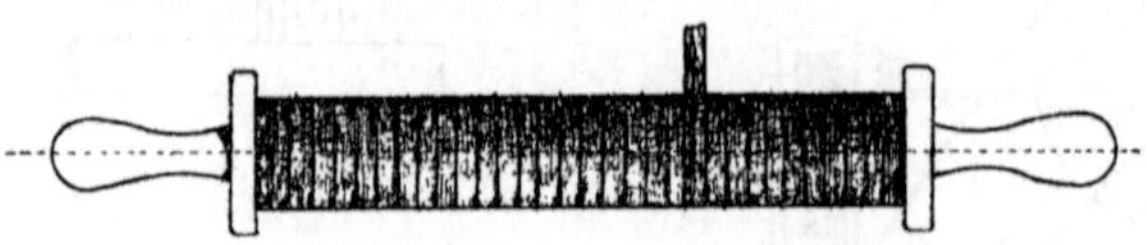

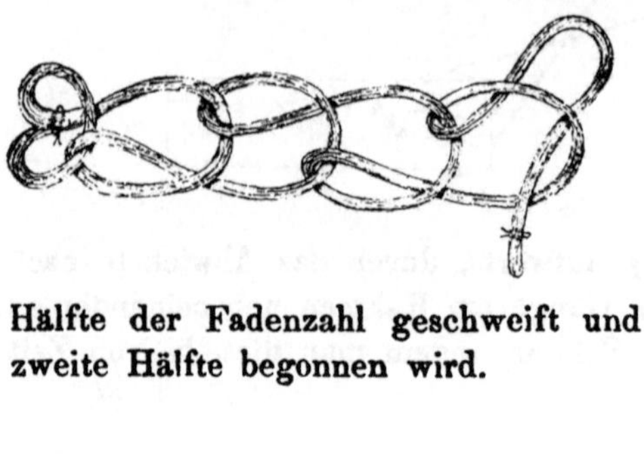

Streichgarnketten tragen bei größerer Dichte auf dem Schweifrahmen sehr stark auf, was zu immer längeren Gängen Anlaß gibt; um diese Unannehmlichkeit zu vermeiden, wird vorerst die Hälfte der Fadenzahl geschweift und dann herabgenommen, worauf die zweite Hälfte begonnen wird.

III. Das Schlichten und Leimen der Kette.

Da die Kettenfäden unausgesetzt am Webstuhle während des Verwebens die Spannung aushalten müssen, dann von den Holzriegeln, den Kreuzstäben, den Helfen und der Lade abgenützt und aufgerauht werden und den Webprozeß kaum überdauern und Fadenbrüche ergeben, sind dieselben durch einen Überzug glatt zu machen, welcher die Biegsamkeit der Fäden nicht beeinflußt, die Haltbarkeit erhöht und sich später in der Appretur der Gewebe durch einen einfachen Waschprozeß wieder entfernen läßt. Zur Herstellung dieses Überzuges dient eine Flüssigkeit, welche ein Klebstoff ist und **Schlichte** genannt wird. Am häufigsten besteht sie aus einem Mehl- oder Stärkekleister für Baumwolle und Leinen, welcher durch verschiedene Zusätze gegen Verderbnis geschützt ist, aus heißem Leimwasser für Wollketten, aus Gummilösung für geringere Seidenketten.

Das Schlichten der Kette.

Dasselbe wird bei Leinen- und Baumwollgarn angewendet. Die zum Versand bestimmten Ketten werden nach dem Schweifen als **Strang** geschlichtet und schließlich wieder zu einem Knäuel gewickelt; sonst jedoch wird das Schlichten als Handarbeit am Webstuhle unmittelbar vor dem Verweben ausgeführt. Dabei bedient man sich zweier langhaariger Bürsten — **Schlichtbürsten** —, die man in die Schlichtflüssigkeit eintaucht, ineinanderreibt und nach mehrmaligem Eintauchen diese Zutat der Kette durch Streichen, entgegengesetzt der Schaltrichtung (von vorn nach rückwärts), mitteilt. Hierauf werden die **Kreuzschienen** auseinandergeteilt und die Fäden mit **zwei Spickbürsten** nochmals, eventuell unter Zusatz von Unschlitt und Seife, glatt gestrichen. Da durch das Trocknen viel Zeit verloren geht, so hat man **Trockenfächer** angebracht, die durch die Tritte oder Lade bewegt werden, welche das Trocknen durch die erzeugte Luftbewegung beschleunigen. Die Kettenfäden, welche durch das Schlichten die volle Tauglichkeit erhalten, werden im Webstuhl von **zwei bis vier Kreuzschienen** in Ordnung gehalten und einzeln gelegt. Die gebräuchlichste Art ist Fig. 29 mit vier Kreuzschienen für Baumwolle und Leinen. Fig. 27 ist bei geleimten Ketten in Anwendung. Fig. 28 für gewisse Gewebe aus Baumwolle oder Leinen.

Fig. 27.

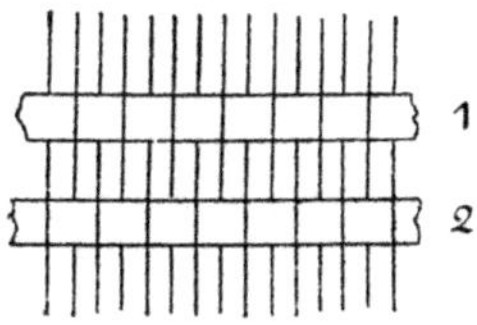

Fig. 28.

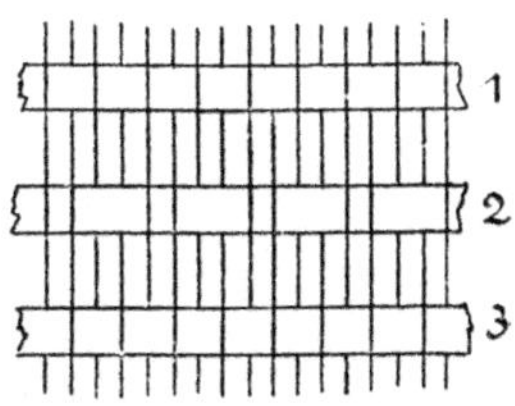

Fig. 29.

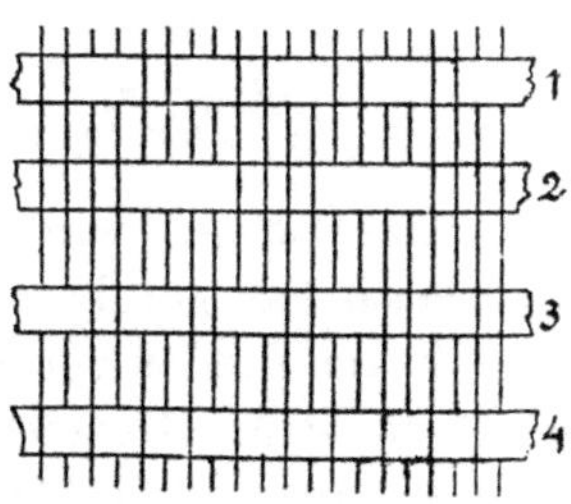

Die Schienen 1 und 3, Fig. 29, steckt man in das am Schweifrahmen zwei zu zwei gebildete Fadenkreuz. Die zweite Schiene, welche die Faden vier zu vier enthält, bekommt man durch **Einlesen** zwischen den beiden ersten Schienen. Die vierte, d. i. die den Schäften zunächstliegende, erhält man durch Eintreten, indem man den ersten Schaft hoch, den zweiten Schaft tief zieht.

Das Leimen der Kette.

Wollketten werden nicht mit Kleister geschlichtet, sondern zumeist nach dem Schweifen unmittelbar mit heißem Leimwasser durchtränkt und getrocknet. Durch das Ankleben der hervorstehenden Fasern wird dem Faden seine Rauheit benommen und eine größere Festigkeit erzielt.

Fig. 30.

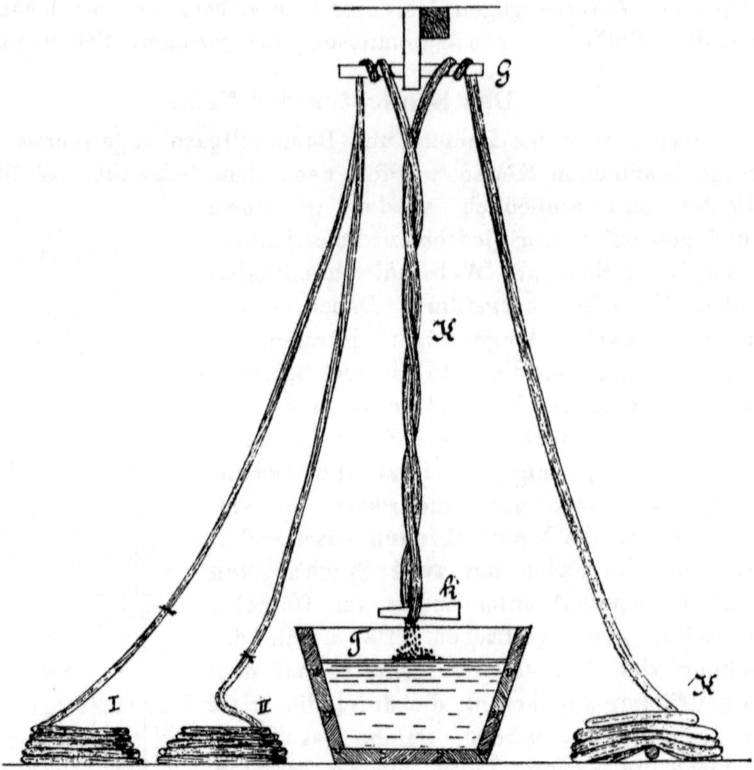

Das Leimen wird unter Verwendung von zirka 10 %*) Gewichtsteilen Leimzusatz ausgeführt:

1. im Strähn vor dem Spulen; hiebei werden die Garnsträhne mit nicht zu heißer Leimbrühe durchnäßt, mit der Hand scharf ausgedrückt, aufgeschlagen, aufgehängt und unter zeitweiligem Drehen getrocknet. Bei

*) Die Prozente beziehen sich auf das Gewicht der Kette.

farbigen Baumwollketten wird auch das Schlichten in dieser Weise durchgeführt;

2. im Fasse, Fig. 30. Die etwa in zwei Teilen geschweifte Kette wird stückweise in einem Bottiche mit Leimbrühe durchtränkt, nachher

Fig. 31.

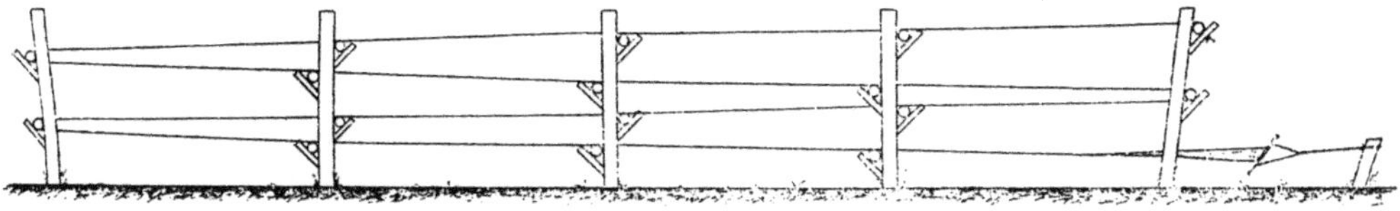

der geleimte Teil über einen Holzgalgen gezogen und mit einem Knebel stark ausgerungen, hierauf auseinandergeteilt, ausgebreitet und aufgespannt, Fig. 31, und allmählich im Schatten, im Freien oder unter Dach getrocknet;

3. mit der **Handleimmaschine,** Fig. 32. Das Einweichen und Ausquetschen wird selbsttätig gemacht; man erspart durch diese Maschine Arbeitskräfte und Zeit und bekommt noch besondere Vorteile, z. B. gleichmäßiges **Anfeuchten** und **Ausquetschen.** Die Kette wird zur Hälfte oder zum Ganzen geschweift und als Strang über die Walze *a*, über den festen Riegel *b* in den Trog geleitet; sie taucht in die Leimbrühe, geht unterhalb den Walzen *c* weg und aufwärts durch einen Horn-, Porzellan- oder verstellbaren Messingring *R*, welcher den überflüssigen Leim ausquetscht und abstreift. Sie bewegt sich hierauf zwischen den Walzen *d*, *e*, *f*, auch nach Fig. 33 nach einer Führungswalze *g* und fällt sodann unter dieser zu Boden. Das Trocknen erfolgt wieder im Freien oder unter zugigem Dache, damit es von der Witterung nicht beeinflußt wird. Man hat beim Leimen darauf zu achten, daß die Leimflüssigkeit nicht zu heiß, nicht zu dick und gut gelöst ist, weil sonst der Faden seine Geschmeidigkeit verlieren und brechen würde. Als Leim benutzt man den Kölner oder den gewöhnlichen Tuchmacherleim.

Fig. 32.

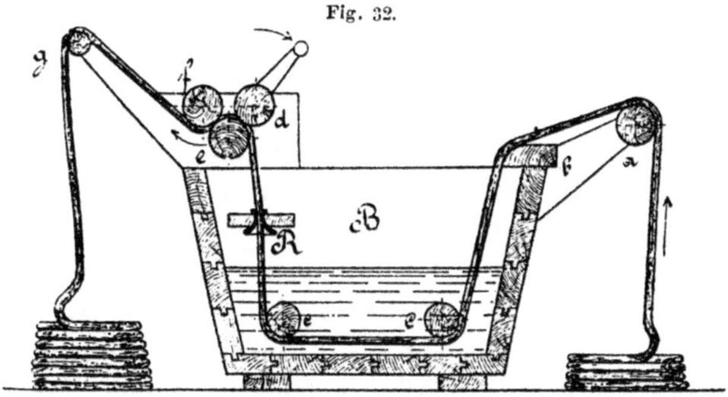

Fig. 33.

IV. Das Aufbäumen der Kette.

Dasselbe ist eine, mit Ausnahme bei Schafwollketten, dem Schweifen zunächstfolgende Arbeit und besteht darin, daß man die verschiedenartig vom Schweifrahmen herabgenommenen Ketten auf einen **Baum** windet, um alle Gängchen parallel nebeneinanderzulegen. Man nimmt das Gangkreuz der Kette in die Hand, steckt an die Stelle der Fitzschnur einen Stab und an die Stelle der zweiten eine stärkere Schnur, befestigt diese an den Stab und entfernt die Unterbindungs- und die Fitzschnur, verteilt ferner provisorisch die Gängchen über die Breite des Stabes und beginnt die Fäden gängchenweise in den **Reihkamm** zu legen. Derselbe, Fig. 34, besteht aus zwei Leisten und aus aufrechtstehenden hölzernen oder metallenen Nägeln. Die obere Leiste wird als Deckel gebraucht und kann durch einen Vorstecker mit der unteren verbunden, d. h. geschlossen werden. Wie beim Schweifen erwähnt, müssen die Gängchen in ihrer Zahl genau nach der Dichte des Kammes passen, damit die richtige **Kettbaumbreite** erzielt wird. Ist die Gängchenzahl nicht genau bestimmt, so wird die Kette entweder zu schmal oder zu breit, was dadurch abgeändert wird, daß man, wenn die Kette zu schmal liegt, regelmäßig je nach Verhältnis einen Zahn freiläßt oder im andern Falle doppelt belegt; beides ist jedoch der Weberei zum Nachteile; denn im ersten Falle entstehen Ringe, im zweiten Falle entstehen Einschnitte. Um diesem Übelstande auszuweichen, bedient man sich des **Expansionskammes,** Fig. 35, mit welchem man die vollgelegten Zähne auf irgend eine Breite verteilen kann. Liegt die Kette im Reihkamm, so nimmt man das Stäbchen mit dem Gangkreuze und legt es in die Nut des Kettenbaumes, richtet es hierauf genau nach der Mitte des Webstuhles und beginnt zu bäumen. Dasselbe kann in der Schaftweberei am Webstuhle

Fig. 34.

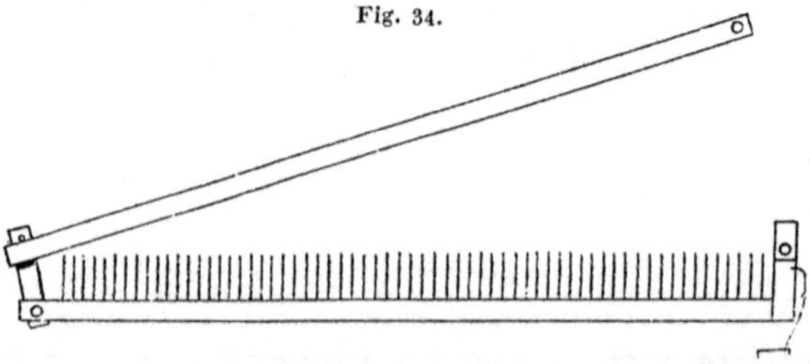

Fig. 35.

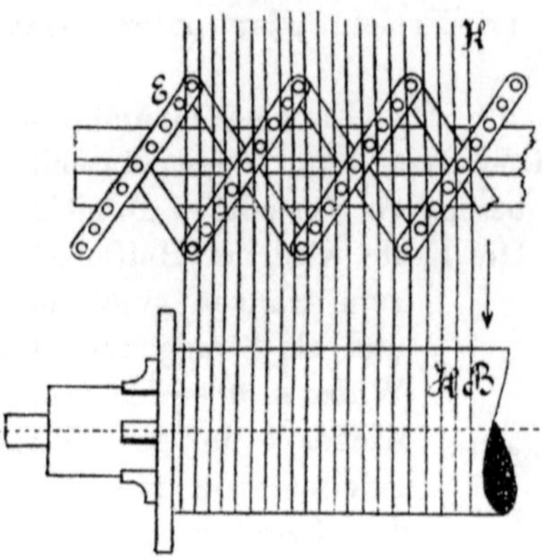

Fig. 36.

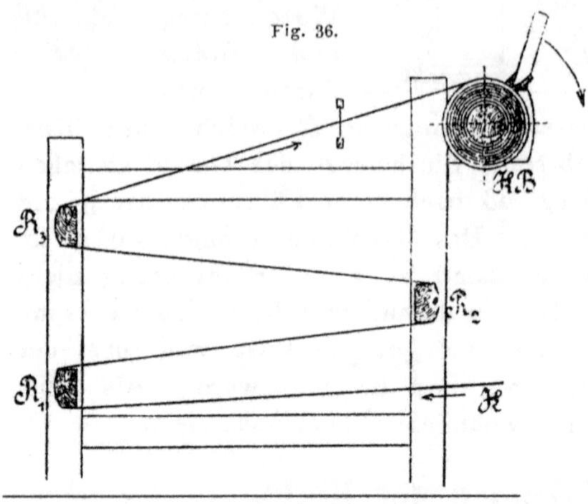

vorgenommen werden, besser jedoch wird es auf einem besonderen **Aufbäumgestelle** bewerkstelligt, Fig. 36. Dieses Gestell besteht aus mehreren Querriegeln R_1, R_2, R_3, um welche die Kette gezogen wird. Sie sind durch

Fig. 37.

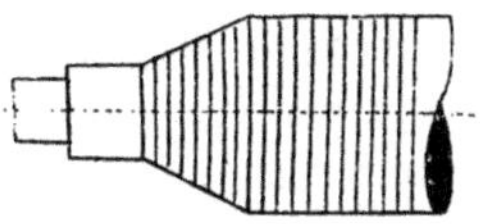

Fig. 38.

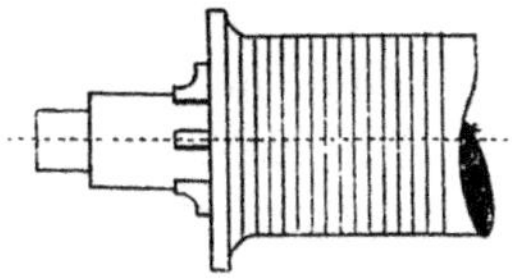

Fig. 39.

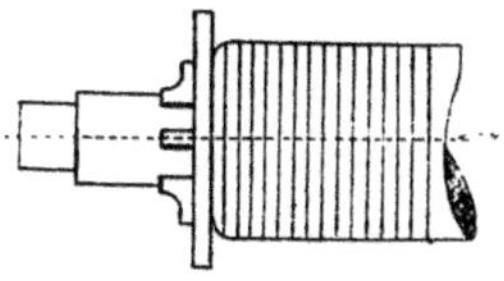

Keile mit den Seitenwänden in beliebiger Breite einstellbar fest verbunden. Verlangt die Kette viel Spannung, so zieht man sie um alle drei Riegel. Das Bäumen erfordert drei oder mehrere Personen; die erste spannt die

Fig. 40.

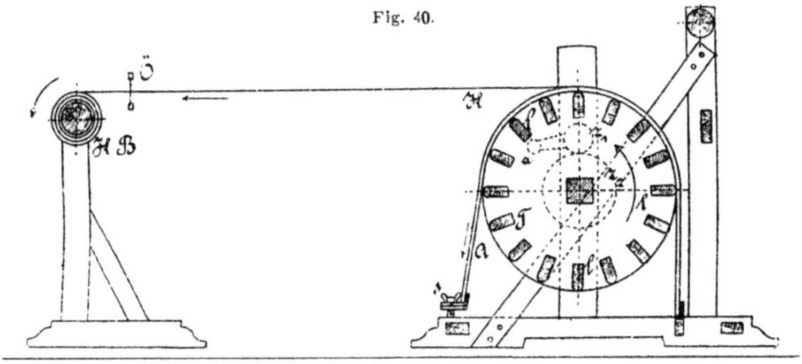

Kette straff an, die zweite bewegt das Drehzeug und den Kettenbaum, die dritte, eventuell die vierte Person hält den Reihkamm und führt ihn. Während des Aufbäumens muß der Reihkamm so gehalten werden, daß die Fäden sich parallel in der Richtung der Kette aufwickeln; hat der Kettenbaum keine Scheibe, so bäumt man anfangs breiter als **Schaft- und Kammeinstellung,** später aber durch Schräghalten des Reihkammes schmäler und schmäler. Es entsteht dadurch der sogenannte **Hals** der Kette. Derselbe darf nicht zu steil und nicht zu flach sein; er soll die Form wie in Fig. 37

Fig. 41.

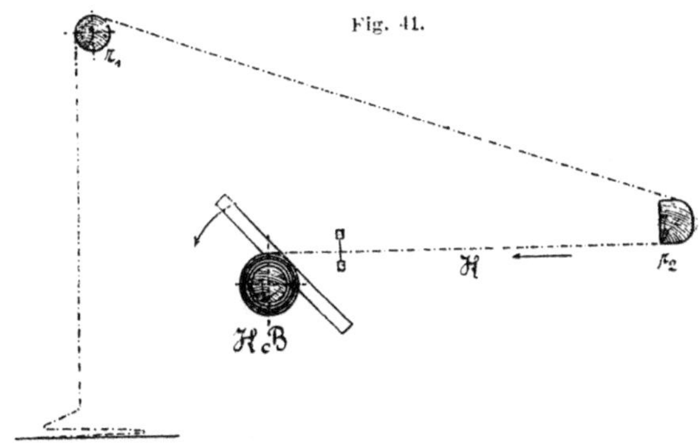

erhalten. Sind jedoch **Garnscheiben, Baumscheiben** vorhanden, so hat man nur die Kette in die richtige Breite einzustellen und im weiteren Verlaufe regelmäßig fortzubäumen, damit keine Erhöhungen, Fig. 38, aber auch keine Vertiefungen, Fig. 39, entstehen. Das erstere gibt am Webstuhl zu stark gespannte Fäden, das letztere zu lockere; beides ist der Ware nachteilig. Fig. 35 stellt ein richtiges Aufbäumen vor. Beim Bäumen seidener Ketten legt man in der Entfernung von mehreren Metern einen starken glatten Bogen Papier ein und windet ihn mit auf, damit die Seidenfäden nicht in die leeren Zwischenräume, welche sich bilden, hinabgleiten und schlaff werden. Man findet auf diese Weise auch besser und leichter die gebrochenen Fäden. Die Seidenketten werden auf einer Haspel, Fig. 40, vorgebäumt. Hieraufwird durch den Lederriemen *A* mit der Schraube *s* eine Bremsvorrichtung gebildet, welche genügt, die Person zum Halten der Kette beim Bäumen zu ersparen. Auch kann man die Bremsbandspannung durch die Schrauben *s* regulieren. Zum besseren Austeilen und gleichmäßigeren Spannen der Seidenketten laufen dieselben beim Bäumen in der Nähe des Kettbaumes über drei Glaswalzen. Beim Bäumen ist darauf zu achten, daß derjenige Teil, welcher beim Schweifen den Anfang gebildet hat, beim Einlegen in den Reihkamm auf diejenige Seite gebracht werden muß, welche beim Einziehen der Fäden in die Schäfte den Anfang bilden soll, vorzüglich auf die linke Seite. Dieser Anfang, sei es in einfarbigen oder bunten Ketten, ist oft nicht gut erkennbar; es werden daher schon beim Schweifen des ersten Ganges bunte Zeichen eingeknüpft. In der Buckskinweberei, sowie bei Zwirn- und Wollketten überhaupt, nimmt beim Bäumen die Kette den in Fig. 41 und Fig. 42 veranschaulichten Weg. Ist die Kette fertig gebäumt, so werden ein paar glatte Stäbchen oder Schienen, deren Länge die Einstellungsbreite der Ware um einige Zentimeter überragt, durch das Fadenkreuz gesteckt. Die Kreuzschnur wird aus der Kette entfernt und letztere zum Einziehen in die Schäfte geordnet.

Fig. 42.

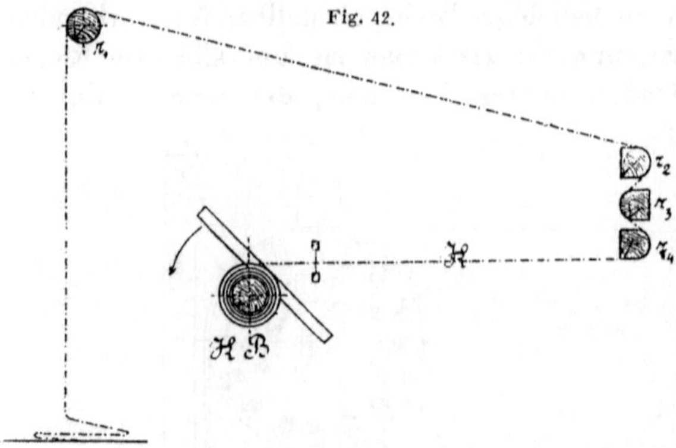

V. Das Einziehen der Kettenfäden in die Schäfte.

Zu dieser Arbeit sind mindestens zwei Personen nötig; die eine befindet sich hinter den Schäften, die zweite vor denselben. Als Hilfswerkzeug benützt man das **Einziehhäkchen,** Fig. 43, bei Glas-, Draht- oder Metallaugen Fig. 44. Der Handgriff ist durchbohrt, um ein beliebiges Häkchen einzustecken und festzuklemmen. Fig. 45 wird häufig zum Einziehen der gebrochenen Fäden während der Arbeit verwendet. Die Kettenfäden werden, dem Einzuge entsprechend, in die Schäfte, beziehungsweise

Helfen gezogen. Die eine Person zieht ein (sie sticht), die andere reicht zu (sie legt auf). **Als erste Helfe wird jene linker Hand im ersten hinteren Schafte** gerechnet. Man hat zum bequemeren Einziehen sämtliche Schäfte s_{1-6} auf einem **Einziehgestelle,** Fig. 46, anzubringen, d. h. sie nebeneinanderzuhängen und aufzuspannen, jedoch so, daß eine gewisse Beweglichkeit der Helfen vorhanden ist.

Fig. 43.

Fig. 44.

Fig. 45.

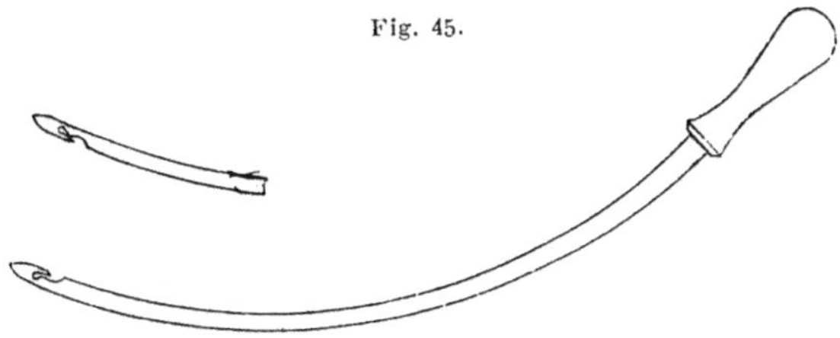

Zum leichteren Auffinden der bestimmten Helfenaugen zieht man durch sämtliche eine Schnur oder schiebt Schienen *k* in die unteren Helfenschnuren ein. Ist der Einzug komplizierter, so ist es gut, um Fehler zu vermeiden, wenn man die durch die Helfen gezogenen Schnüre von verschiedener Farbe wählt. Vor Beginn des Einziehens werden die Helfen, falls sie einfach angesteckt sind, gleichmäßig am Schafte verteilt. Überhaupt ist diese Arbeit mit peinlicher Genauigkeit durchzuführen.

Auf einem mit Längsschlitzen versehenen Riegel *R* im Gestelle *G* werden Lagerteile *O* mit Muttern m_1 und m_2 befestigt und bei *S* eine Stange eingelegt. Auf diesen Träger werden mittels der Kurbel *K* die aus Flacheisenschienen geformten Schafthalter *B* festgeklemmt. Die Schäfte s_1—s_6 hängen darin zwi-

Fig. 46.

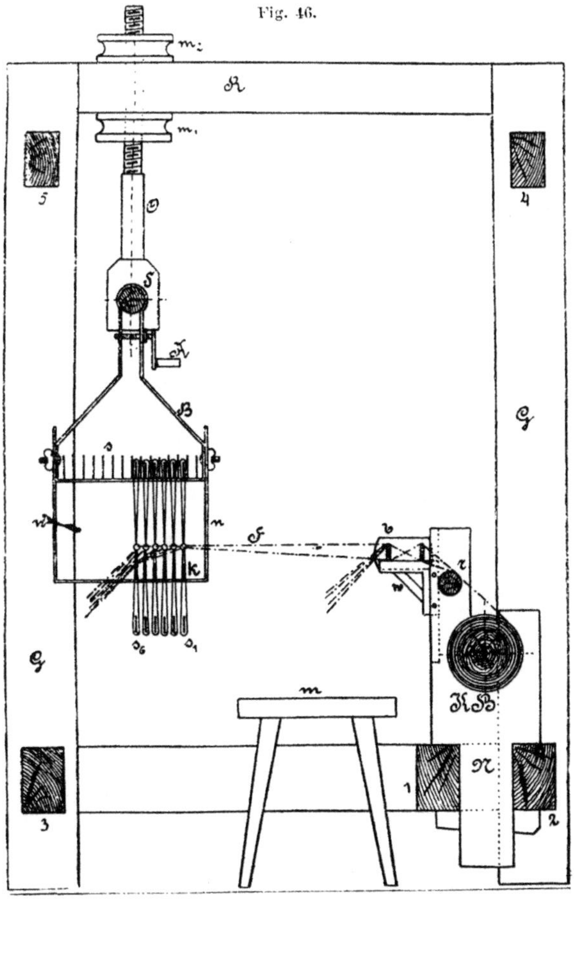

schen den Stiften *s*. Zur Unterstützung der zwischen den Unterhelfen steckenden Schienen *k* dienen die stellbaren Halter *n*. Durch Verdrehen des Bügels *B* auf *S* können sämtliche Schäfte schräg ansteigend gelagert werden, was das Auffinden der Helfenaugen erleichtert. Der Kettenbaum *KB* liegt in den Lagerböcken *N*, welche in den Riegeln 1 und 2 mit Keilen befestigt werden können. Die Kreuzstäbe *b* ruhen auf stellbaren Konsolen *w*. Dieses Gestell kann auch zum Andrehen oder Anknüpfen oder auch zum Bäumen Verwendung finden.

Arten der Einzüge.

Unter Einzug der Kettenfäden versteht man jene von der Bindung der Gewebe abhängige gesetzmäßige Reihenfolge der Fäden in den Schäften, welche es ermöglicht, daß die Bindung in regelmäßiger Wiederkehr über die ganze Breite der Ware mechanisch erzeugt werden kann. Der Rapport, die Wiederholung des Einzuges, stimmt mit dem Bindungsrapporte überein. Nachdem jedem einzelnen der verwendeten Schäfte eine bestimmte Tätig-

Fig. 47.

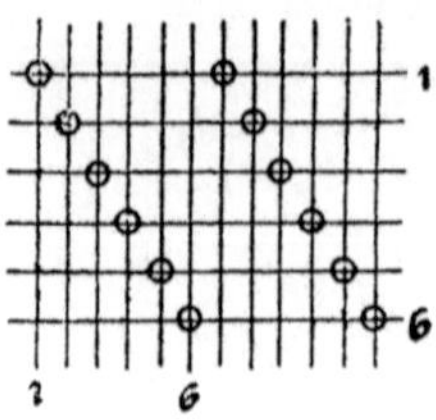

Fig. 48.

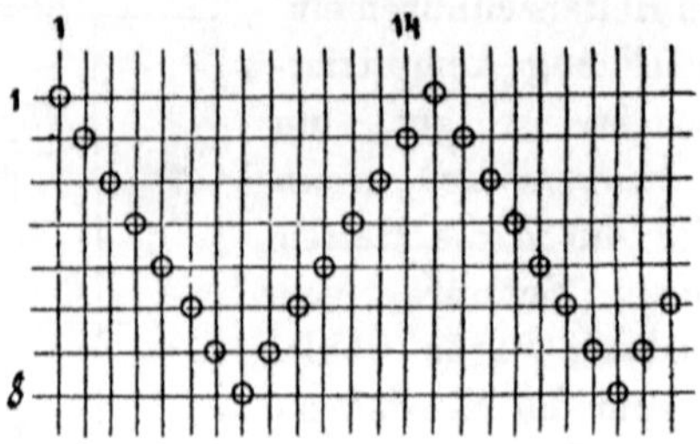

Fig. 49.

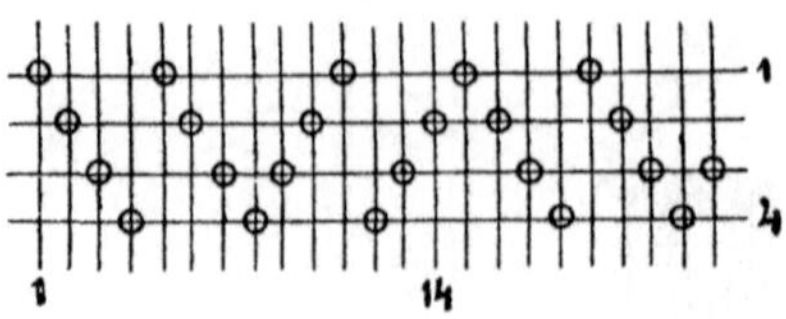

Fig. 50.

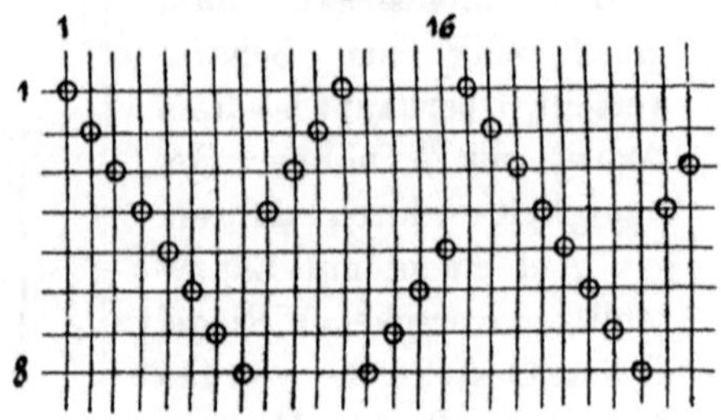

Fig. 51.

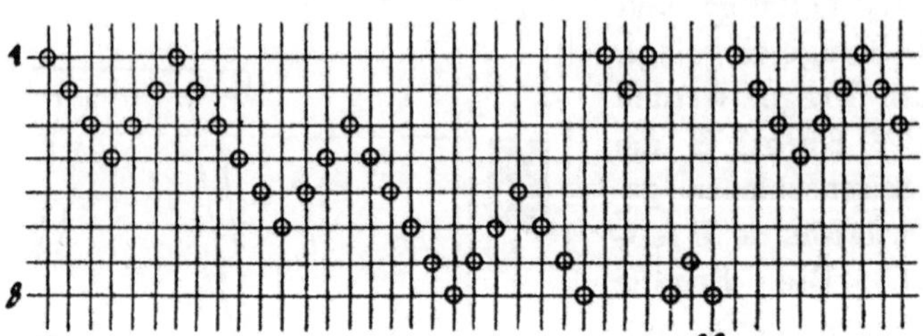

keit zukommt, so wird sich die Zahl der Schäfte nach der Zahl der verschieden bindenden Kettenfäden eines Rapportes richten. Die Reihenfolge der verschieden bindenden Kettenfäden ist je nach Erfordernis regelmäßig oder unregelmäßig innerhalb des Rapportes. Man unterscheidet unter anderen folgende Einzüge:

1. Fig. 47 den **Geradedurch-Einzug,** bei welchem die Aufeinanderfolge der Fäden mit den Schäften übereinstimmt; er heißt auch glatter Einzug (für alle glatten Grundbedingungen).

2. Fig. 48 den **Spitzeinzug,** wenn sich die Fäden in symmetrischer

Fig. 52.

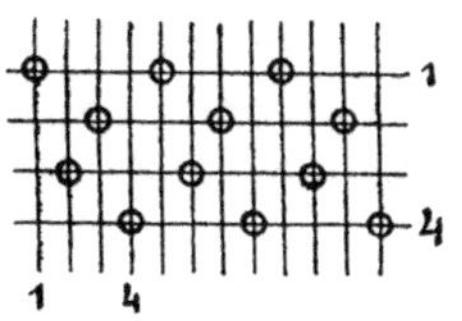

Fig. 53.

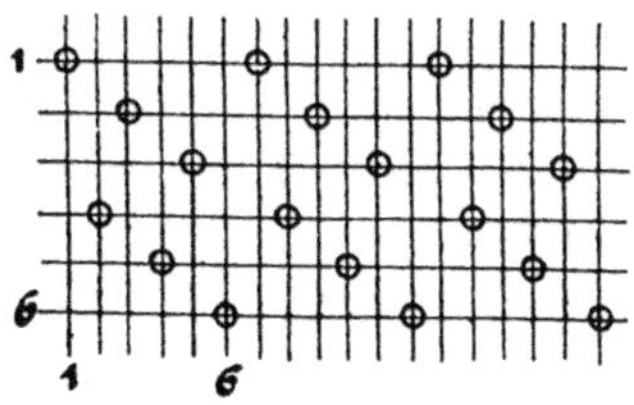

Fig. 54.

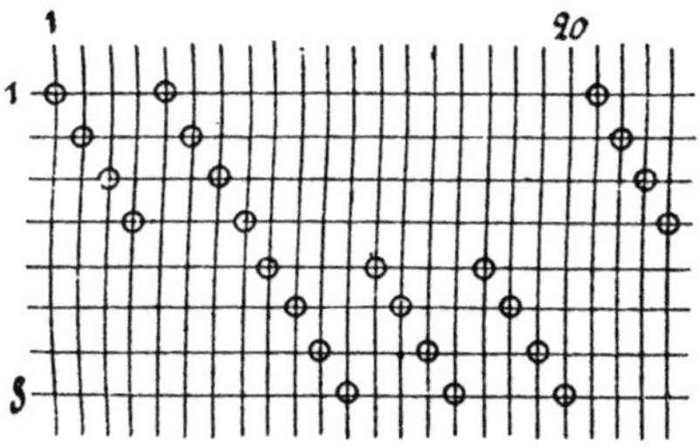

Fig. 55.

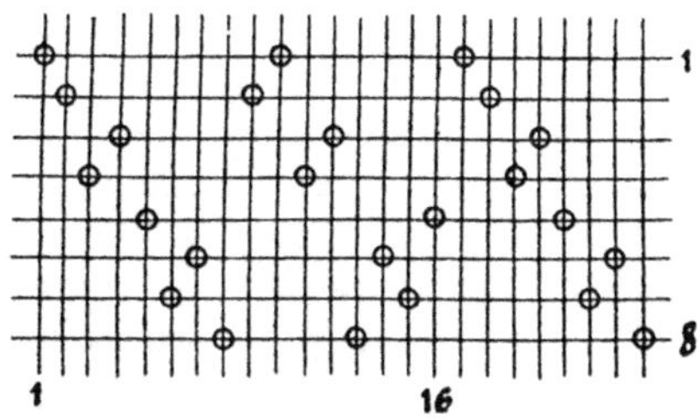

Aufeinanderfolge in den Schäften anordnen; eine Abart dieses Einzuges ist der **mehrteilige** Spitzeinzug Fig. 49; eine andere Abart ist der **versetzte** Spitzeinzug Fig. 50; oder der **wiederholende** Spitzeinzug Fig. 51.

3. Fig. 52 und 53 die **sprungweisen** Einzüge, wenn sich die Fäden in den Schäften nach lückenhaften Zahlenreihen wiederholend anordnen.

4. Fig. 54 die **mehrwerkigen** oder **satzweisen** Einzüge, bei welchen sich die Fäden nach Partien in Schaftgruppen geradedurch gliedern.

5. Fig. 55 die **gemusterten** Einzüge, bei denen die Fadenfolge in den Schäften innerhalb eines Rapportes scheinbar mehr oder weniger unregelmäßig sich ergibt; sie können aus den früheren Arten zusammengesetzt erscheinen und rechnet man hieher auch im allgemeinen die **komplizierten** Einzüge.

Die Helfenberechnung.

Die Zahl der Schäfte hängt vom möglichst vereinfachten Einzug ab.

Die Zahl der Helfen pro Schaft hängt von der Art des Einzuges ab, beziehungsweise von der Helfenzahl innerhalb eines Rapportes und einzelnen Schaftes.

Vor allem hat man die Zahl der Bindungsrapporte = Einzugsrapporte über die Warenbreite zu bestimmen:

$$\textbf{Zahl der Einzugsrapporte} = \frac{\text{Kettenfadenzahl}}{\text{Bindungsrapportgröße}};$$

sodann zählt man die Helfen jedes Schaftes auf dem Raum eines Rapportes und bekommt

die Helfenzahl eines bestimmten Schaftes = Zahl der Bindungsrapporte × × Helfenzahl pro Rapport und Schaft.

Daraus folgt, daß nur die Einzüge Fig. 47, 50, 51, 52, 53, 55 gleiche Helfenzahl pro ein Schaft ergeben, hingegen 48, 49, 54 im allgemeinen eine verschiedene Helfenzahl pro Schaft aufweisen.

Die Bestimmung der Helfenzahl pro Schaft ist für die Bestellung der Schäfte oder wenn man mittels Schiebehelfen die Schäfte selbst **rumort**, von Wichtigkeit, um sie für das Einziehen entsprechend vorzubereiten, abzuteilen, zu zeichnen usw.

Beispiel: Wie sind die Helfen für eine Ware zu verteilen, welche 2200 Fäden erfordert, ferner gemusterten Einzug in 2 Partien zu 8 und 4 Schäfte, beziehungsweise 4 × geradedurch auf 8 Schäfte und 5 × geradedurch auf 4 Schäfte aufweist?

Für diesen Fall ergibt sich die Bindungszahl über die ganze Breite =

$$= \frac{2200}{\underbrace{4 \times 8 + 5 \times 4}_{\text{Rapportgröße}}} = 42 \text{ Rapporte} + 16 \text{ Fäden};$$

Schaft 1 bis 8 enthält für einen Rapport bei geradem Einzug 4 Helfen; folglich pro Schaft = 42 × 4 + 2 Helfen = 170 Helfen.

Schaft 9 bis 12 enthält pro Rapport und Schaft 5 Helfen; daher pro Schaft = 42 × 5 = 210 Helfen

in Summe = 170 × 8 + 210 × 4 = 2200 Helfen.

Bedeutet:

H die Helfenzahl der Kette,

W die Schaftzahl,

$\mathbf{h}_{1-x}$ die Helfenzahl der einzelnen Schäfte (1 bis x),

R die Zahl der Bindungsrapporte über die Warenbreite = Einzugsrapporte,

$\mathbf{r}_1$ die Fadenzahl pro 1 Rapport = Rapportgröße der Bindung,

$\mathbf{h'}_{1-x}$ die Helfenzahl pro Rapport und Schaft, so ist:

$$R = \frac{H}{r_1},$$

$$r_1 = \frac{H}{R},$$

$$H = r_1 \times R,$$

$$h_{1-x} = R \times h'_{1-x},$$

und bei gleicher Verteilung der Helfen auf den Schäften

$$\text{pro Schaft} = \frac{H}{W} \text{ Helfen.}$$

VI. Das Kammstechen.

Sind sämtliche Fäden in die Schäfte gezogen, so beginnt man mit dem Kammstechen. Der Kamm wird auf eine geeignete Stelle gelegt, die etwa leer zu lassenden Zähne rechts und links verteilt, damit die Kette die Mitte einnimmt. Auch hier sind zwei Personen notwendig; eine, welche die Fäden in die Zähne des Kammes einzuziehen hat, und eine zweite, welche eine gewisse Zahl Fäden abzählt und zureicht. Das **Kammesser** hat die in Fig. 56 ersichtliche Form. Bei durchaus gleicher Bindung erhalten die Zähne gleichviel Fäden, wenn hingegen die Bindung z. B. 3 und 4 fädig ist, so werden auch die Zähne zu 3 und 4 bezogen. Man hat jedoch, um die Schönheit des Gewebes nicht zu beeinträchtigen, die Zahl der in einen Zahn kommenden Fäden möglichst niedrig zu nehmen. So zieht man z. B. bei fünfbündigem Atlas zwei Fäden à Zahn ein. Man merke sich hauptsächlich drei Regeln:

Fig. 56.

1. Bei durchaus gleichmäßiger Dichte werden regelmäßig die Zähne des Kammes mit der gleichen Fadenzahl aufeinanderfolgend bezogen; man sagt z. B. 2 Fäden für ein Zahn, oder 2 und 3 Fäden für ein Zahn.

2. Bei jenen Geweben, die eine streifenweise verschiedene Kettendichte aufweisen, muß auch der Einzug in den Kamm in gleicher Weise beschaffen sein; man sagt z. B. 80 Fäden — 2 zu 1 Zahn und 120 Fäden — 4 zu 1 Zahn.

3. Diejenigen Fäden, welche als Figurfäden oder besondere Bindungsfäden zu betrachten sind, dürfen nie in einen Zahn allein eingezogen werden; sie werden von anderen Fäden begleitet, z. B. bei Kettenlancierungen, Doppelstoffen usw.

Berechnung des Kammes.

Die Art des Kammeinzuges wird auf Grund der Fadendichte, der Bindung, des Schafteinzuges und der Fadenstärke bestimmt.

Hieraus ergibt sich die sogenannte **Fädigkeit** des Kammeinzuges und die Zahl der Zähne für 1 Bindungsrapport, daher ist **die Zähnezahl des Kammes** $= \frac{\text{Helfenzahl der Kette}}{\text{Fädigkeit}}$; oder **die Zähnezahl des Kammes** = = Zähnezahl für 1 Bindungsrapport × Zahl der Rapporte.

Beispiel. Wie viel Zähne erhält ein Kamm für eine Ware mit 3600 Kettenfäden, wenn die Fädigkeit zwei Fäden zu 1 Zahn beträgt? Zähnezahl des Kammes $= \frac{\text{3600 Helfen (Fäden)}}{\text{2 (Fädigkeit)}} = 1800$ Zähne oder: Wie viele Zähne erhält ein Kamm für eine Ware mit kompliziertem Fadeneinzug für 3600 Fäden, einen Bindungsrapport von 48 Fäden bei einer Zahnzahl für 1 Rapport von 20?

$$\text{Zähnezahl des Kammes} = 20 \text{ Zähne für 1 Rapport} \times \frac{3600 \text{ Fäden}}{48 \text{ Fäden Rapportgröße}} =$$

$$= 1500 \text{ Zähne}$$

Unter **Kammdichte** versteht man die Zahl der Zähne für 1 *dm* = 10 *cm* und berechnet aus der Kammdichte

die Zähnezahl des Kammes = Kammdichte × Kammbreite in *dm*;

und **die Kammdichte** $= \frac{\text{Zähnezahl des Kammes}}{\text{Kammbreite in } dm}$;

die Kammbreite in ***dm*** $= \frac{\text{Zähnezahl des Kammes}}{\text{Kammdichte}}$;

die Zähnezahl und Breite des Kammes oder auch die Kammdichte ist am fertigen Kamme in den Endsteg eingeschlagen.

Bedeutet: **H** die Helfenzahl der Kette,
Z die Zähnezahl des Kammes,
z die Kammdichte für 1 *dm*,
f_2 die Fädigkeit für 1 Zahn,
B_1 die Kammbreite in *dm*,
R die Zahl der Bindungsrapporte,
r die Rapportgröße in Fäden,
z_1 die Zähnezahl für 1 Rapport,

so ergibt sich

$$Z = \frac{H}{f_2};$$

$$H = f_2 \times Z;$$

$$f_2 = \frac{H}{Z}; \text{ ferner}$$

$$Z = z_1 \times R;$$

$$R = \frac{Z}{z_1};$$

$$z_1 = \frac{Z}{R}; \text{ oder}$$

$$Z = z \times B_1;$$

$$z = \frac{Z}{B_1};$$

$$B_1 = \frac{Z}{z}.$$

Übrigens gehe man bei der Bestimmung der Fadenanzahl für 1 Zahn sehr genau vor, weil sonst das Aussehen des Gewebes leidet. Es entstehen **Längsfurchen, Streifen** oder **Bindungsfehler** usw. Will man eine zweite Kette nochmals auf demselben Stuhl, mit derselben Vorrichtung weben, so verbindet man die alte mit der neuen durch:

VII. Das Anlängern.

Die Fäden der alten Kette werden mit denen der neuen Kette streng der Reihe nach und dem Muster entsprechend einzeln entweder verknotet, Fig. 57, das **Anknüpfen,** angedreht, Fig. 58 *m* und *n*, das **Andrehen,** oder angeschnellt, das **Anschnellen.** Die beiden letzteren Arten sind im Wesen gleich, indem die **Verbindstelle** doppelte Drehung der Fadenenden zeigt und nur provisorischen Charakter hat. Beim Anschnellen reißt man mit dem Daumen und Zeigefinger der linken Hand aus angespannten Fadenbündeln zwei zusammengehörige Fäden ab und dreht sie unter Zusatz von schwachem Klebgummi zusammen.

Für das Weben selbst müssen nun noch einige Hilfsgeräte vorhanden sein, deren sich der Weber bedient, um die Ware möglichst rein und sauber auf den Baum zu bringen und abzuliefern.

Hiezu gehört eine **Ausknüpfspule** mit dem Kettenmateriale, welche, auf einem Drahte leicht zugänglich, am Webstuhle befestigt wird; eine **Weberzange,** Schere und ein Messer, um fremde, am Gewebe anhaftende körperliche Verunreinigungen zu entfernen; eine Bürste, um die Kette oder den Stoff abzubürsten; ein **Fadenzähler,** d. i. ein Vergrößerungsglas, um die Dichte des Gewebes zu prüfen; eventuell auch ein **Verreiber** (für Seidenstoffe), welcher eine gleichmäßigere Dichte und weichen Griff erzeugt.

Fig. 58.

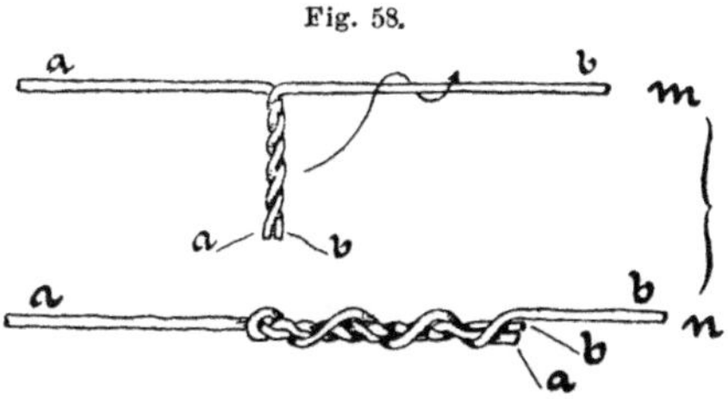

Fig. 57.

Sind sämtliche Fäden in den Kamm eingezogen, so hängt man die Schäfte an die Schafthebevorrichtung, legt den Kamm ein und nimmt ein eisernes oder hölzernes Stäbchen, welches mittels 3 bis 8 Schnüren an den Warenbaum befestigt wird. Hierauf sucht man die Kettenfäden mittels einer Bürste oder den nassen Fingern gleichmäßig zu spannen. Gleichzeitig bindet man sie büschelweise an den Stab.

Hierauf werden einige starke Schüsse eingewebt und mit einem zur Kettenfarbe abstechenden Schusse vorgewebt, wobei leicht bemerkbare Fehler ausgebessert werden können.

Um den Schafteinzug zu prüfen, ist regelmäßig das **Schaftziehen** vorzunehmen. Zu diesem Zwecke wird jeder Schaft einzeln ins Oberfach gebracht, eine Holzschiene in das Fach eingelegt und die Fäden einer Überprüfung unterzogen.

Fehlende Kettenfäden werden sofort bemerkt; ebenso falscher Einzug im Schafte und im Kamme; desgleichen falsche Farben in den Helfen. Unregelmäßigkeiten und andere Fehler sind sofort auszubessern. Um den

Kammeinzug zu prüfen, ist das Gewebe mit vorgehaltener Hand durchzuschauen. Ergibt sich der Befund zufriedenstellend und haben die Kettenfäden gleiche Spannung, so wird der **Schlag** gewebt, worauf die regelmäßige Arbeit: das Weben, selbst folgt.

B. Die Vorbereitungsarbeiten des Schusses.

Dieselben erstrecken sich auf das **Spulen, Anfeuchten, Zwirnen** und **Dublieren.**

I. Das Spulen.

Es hat den Zweck, das Schußmaterial in geeignete Form zu bringen, um es in die **Schütze** einzulegen und aus derselben leicht abwickeln zu

Fig. 59.

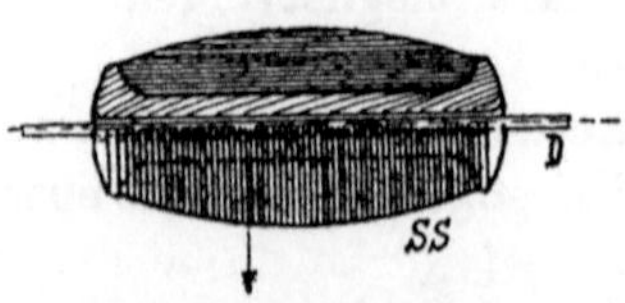

Fig. 60.

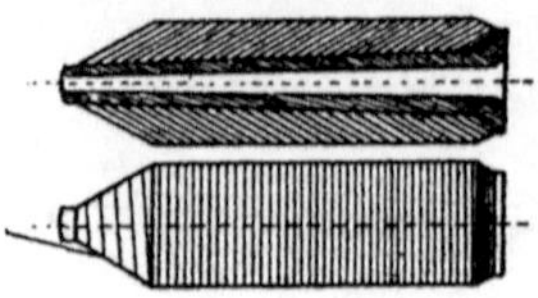

Fig. 61.

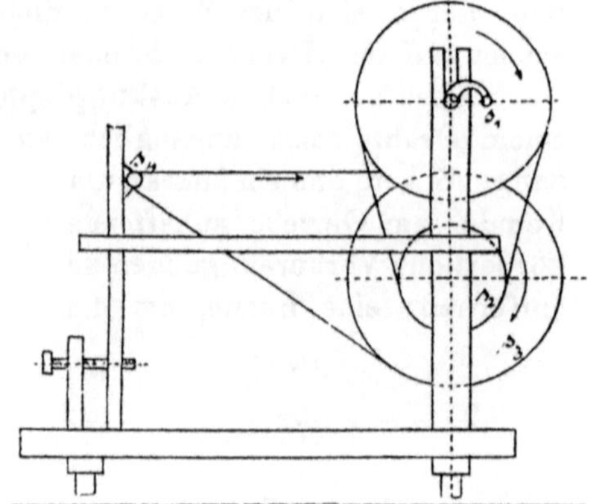

Fig. 62.

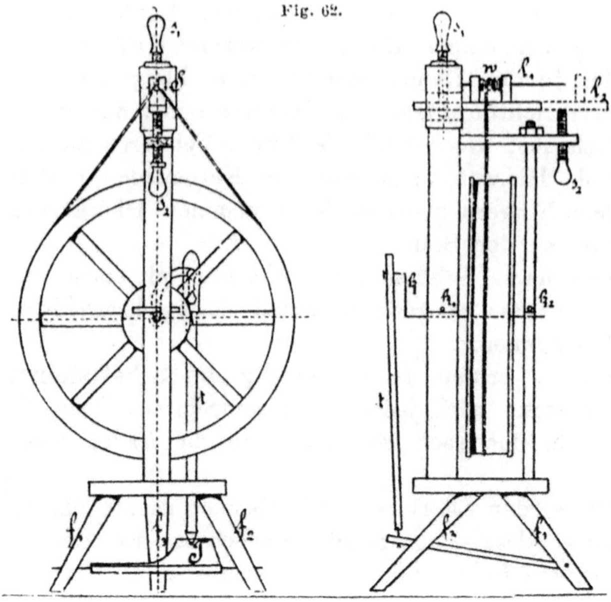

können. Die Schütze ist entweder eine **Hand-** oder eine **Schnellschütze.** Die älteste Handschütze bestand aus einem gekerbten Brettchen, um welches einfach der Faden gewickelt wurde. Die späteren hatten eine Schifform und enthalten entweder eine **Abrollspule,** Fig. 59, oder eine festsitzende **Schleifspule,** Fig. 60, für die Aufnahme des Schußmateriales. Man bespult die Rollspule in ähnlicher Weise wie die

Kettenspulen. Sie steckt lose auf einem Drahte. Die zweite Art Spule steckt fest in der Schütze und der Faden löst sich von den schrägen Schichten ab. Diese Spulen besitzen auf der einen Seite zumeist einen **Konus**, an welchem sich die Fadenschichten während des Spulens anreihen.

Das Material dieser Schleifspulen ist hartes Holz, Blech oder auch Papier. Man bedient sich zum Spulen mit der Hand des **Spulrades**, Fig. 61, welches auch mit Fußbetrieb, Fig. 62, eingerichtet sein kann. Ebenso kann auch Fig. 6 u. 7 verwendet werden.

II. Das Anfeuchten.

Der Schuß wird teils trocken, teils naß verwebt, je nachdem es die Ware verlangt. Soll der Schuß der Ware Steifheit und Griff verleihen, so wird er gestärkt. Ein nasser Schuß ermöglicht ein dichteres Zusammenschlagen desselben und findet meist in der Tuch- und Buckskinweberei statt, aber auch bei der Erzeugung besonderer Baumwollgewebe. Es ist jedoch unbedingt erforderlich, daß die Feuchtigkeit bis auf den Spulenkörper durchdringe. Man benutzt hiezu eine **Handspritze** mit entsprechend zur Aufnahme der Spulen geformtem Mundstücke und drückt nachher die Spulen mit der Hand aus.

III. Das Zwirnen und Dublieren von Schuß und Kette.

Man kann jedes Handspulrad sowie jede Ketten- und Schußspulmaschine zum Dublieren benützen, wenn man die einzelnen Fäden gleich straff durch eine Öse laufen läßt. Das Zwirnen der Garne wird so ausgeführt, daß man dem dublierten Garn eine Drehung erteilt. Es bezweckt die Bildung stärkerer Fäden, aber auch der Effekte im Gewebe. Man benützt zum Zwirnen die Zwirnmaschine, auf welcher alle Sorten von Zwirn hergestellt werden können.

II. Gruppe:

Die spezielle Weberei.

Das wichtigste Webereigerät ist der Handwebstuhl, an welchem sich verschiedene Teile unterscheiden lassen.

Allgemeine Anordnung eines Handstuhles.

Fig. 63 bis 65.

Das Grundgestell besteht aus einer linken und rechten **Stuhlwand**, letztere aus je 2 **Stuhlssäulen** *a*, der vorderen und hinteren, und einem oberen und unteren **Längsriegel** *b*. Die beiden Stuhlwände sind durch **Querriegel** *c* verbunden. Die Verbindung ist gewöhnlich derart, daß des leichteren Transportes und der größeren Festigkeit wegen Längsriegel und Säulen vernagelt, Stuhlwände und Querriegel hingegen verkeilt sind. In diesem Gestelle ist der **Kettenbaum** *KB* oben rückwärts, der **Brustbaum** *BB* vorn im Stuhle gelagert. Die Kette wird durch die Rückhalterklinke *k* und durch Sperrung des **Warenbaumes** *WB* gespannt. Die **Streichbäume** *SB* und *SR* führen Kette und Ware. Man sieht ferner die **Kreuzschienen** k_1 k_2 und den zum Breithalten der Ware bestimmten **Spannstab** (Fig. 65), ferner die Vorrichtung für die Fachbildung, welche aus den **Schäften** s_1—s_4, der **Welle** *W*, der **Überlage** *Ü*, den **Querlatten** l_1 und l_2 und den **Tritten** T_1 und T_2 besteht. Zur Bewegung des Schusses gehört: die **Lade** *LB* mit **Kamm** und **Schütze**, deren Bewegung durch das **Fach**, der **Anschlag** und **Schußwechsel.** Nach dieser Orientierung lassen sich am Webstuhle Teile erkennen, welche 1. zur **Bauart**, 2. zur **Fabrikation** der Ware gehören.

Fig. 63.

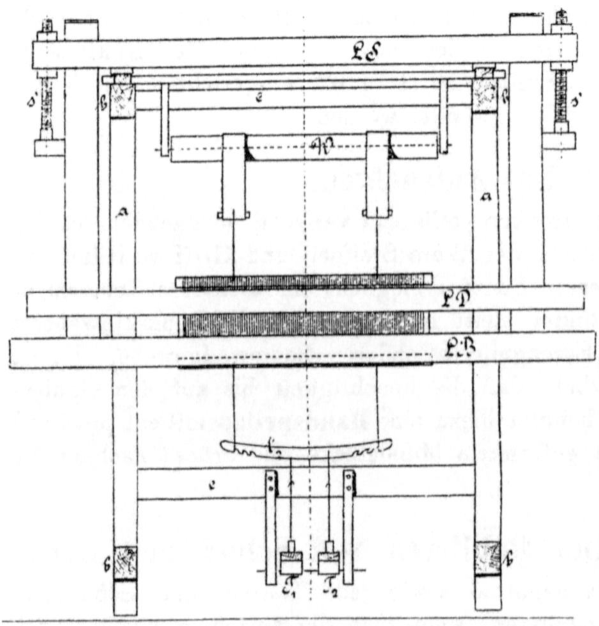

I. Die Bauart.

Der Handwebstuhl wird von Buchen-, Eichen- oder Tannenholz gebaut. Die Größe des Stuhles richtet sich nach der Breite der Ware, nach der Art des Gewebes und dem verfügbaren Raume überhaupt. Sie werden also auch für die verschiedenen Gewebe verschiedenartig gebaut sein. Auch das Material des Gewebes hat Einfluß auf die Bauart, und so unterscheidet man einen Baumwoll-, einen Leinen-, einen Tuch-, einen Seiden-, einen Plüschstuhl usw. Jeder der verschiedenen Stühle hat seine Eigentümlichkeit, welche in der natürlichen Beschaffenheit des Webematerials und auf dem damit im Zusammenhange stehenden Webprozesse beruht. Die Verschiedenheit der Systeme ist teilweise im Grundgestelle erkennbar, z. B. ein **leichter** Stuhl, **schwerer** Stuhl, **kurzer** und **tiefer** Stuhl, **schmaler** und **breiter** Stuhl, teilweise in der Anordnung der Lagerung des **Ketten-** und **Warenbaumes,** bzw. des **Brust-**

baumes, der **Streichbäume** und der Stellung des Arbeiters, ob sitzend oder stehend, ob in oder außer dem Stuhle, aber auch in der Beschaffenheit des Musters, ob **Trittwebstuhl** oder **Schaftmaschinstuhl** oder **Jacquardstuhl.** In F. 63—65 ist die Bauart eines **Baumwollstuhles** für Hosenstoffe dargestellt. Das Gestell eines **Leinwandstuhles** zeigt Fig. 204. Außer dem Ketten- und Warenbaume ist noch der Brustbaum *BB* und ein Streichriegel vorhanden; der Kettenbaum liegt höher als der Brustbaum. Das Gestell eines **Tuchstuhles,** Fig. 66, ist derart gebaut, daß der Arbeiter seitwärts in den Stuhl eintritt und im Stuhle steht. Der Kettenbaum ist entweder unten oder oben gelagert. Die Ebene der Kette vom Streichriegel bis zum Brustbaume ist geneigt. Fig. 206 und 208 zeigt das Gestell eines **Seidenstuhles;** es fällt hiebei die größere Entfernung zwischen Ketten- und Brustbaum auf. Der untere Längsriegel ist entweder gar nicht vorhanden oder er liegt direkt am Boden auf. Die **Sitzbank** befindet sich etwas außerhalb des Stuhles. Fig. 67 stellt das Gestell eines **Damaststuhles** vor. Die Tiefe desselben ist ziemlich bedeutend und ist notwendig, um außer der Schnurvorrichtung noch ein

Fig. 64.

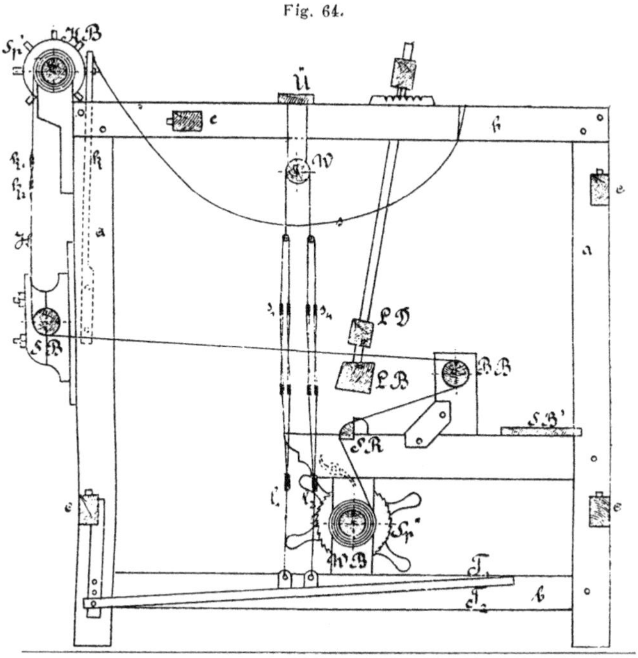

Fig. 65.

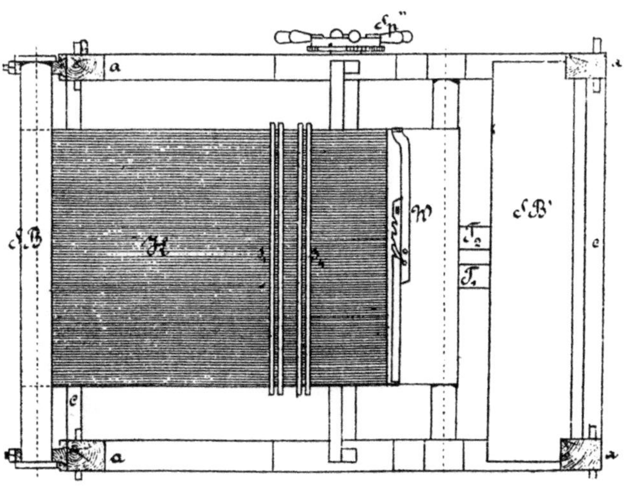

Fig. 66.

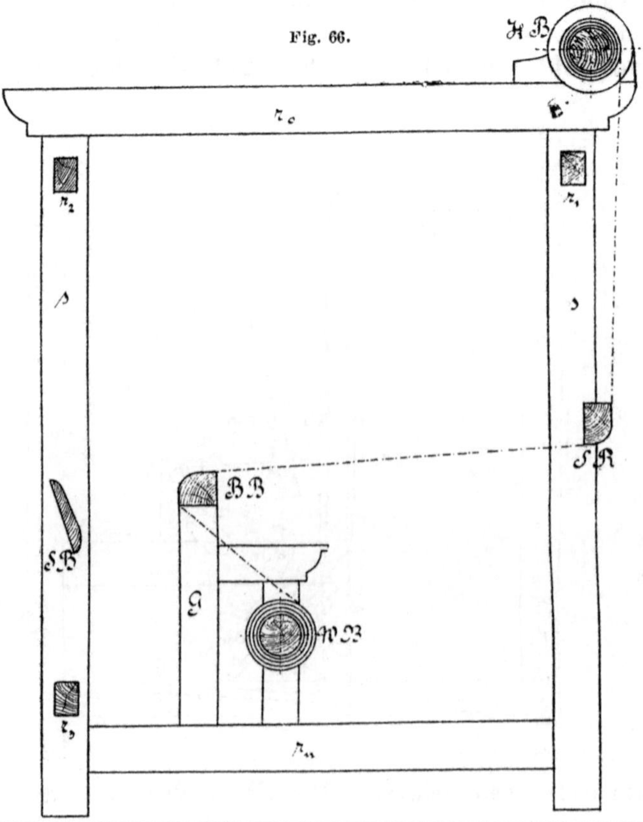

Vorderwerk anzubringen. Die Zahl der Kettenbäume ist verschieden. Das Gestell Fig. 210 und 211, zeigt insofern eine Abweichung von dem des Leinwandstuhles, als dasselbe zwei untere Längsriegel in einer Wand besitzt. Die Verbindung beider gibt die Lagerung des Warenbaumes; dieses Stuhlgestell zeigt noch folgende Abweichung: Der Brustbaum *BB* ist ganz an die Stuhlsäule gerückt. Es dient zur Aufstellung einer Schaftmaschine, weshalb

Fig. 67.

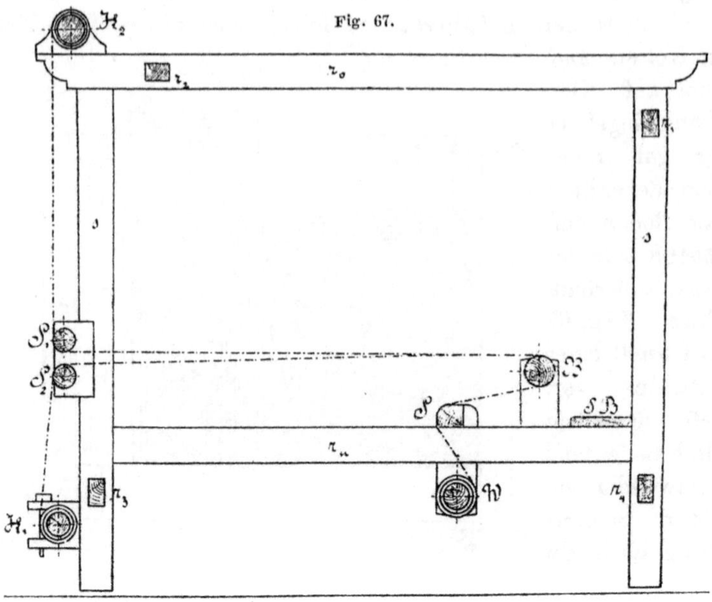

Fig. 68.

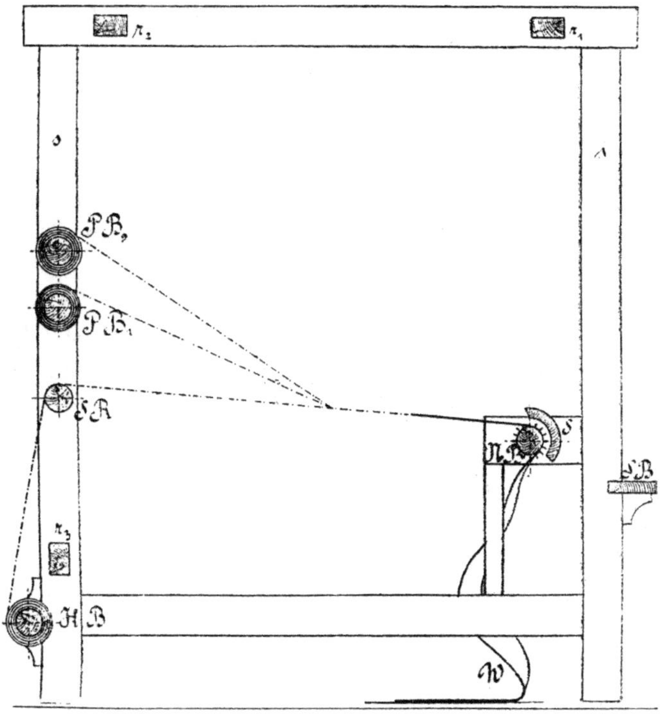

an den Stuhlwänden das Maschinenauflagergestell *MB* angebracht ist, auf welches die Maschine zu stehen kommt. Fig. 212 zeigt das Gestell eines **Frottierwarenwebstuhles.** Die Eigentümlichkeit dieses Stuhles liegt in der Lagerung des Brust- oder Warenbaumes, deren Lagerbrett in Verbindung mit einem Schutzbrette direkt an die Stuhlsäule geschraubt ist. Die **Teppichstühle**

Fig. 69.

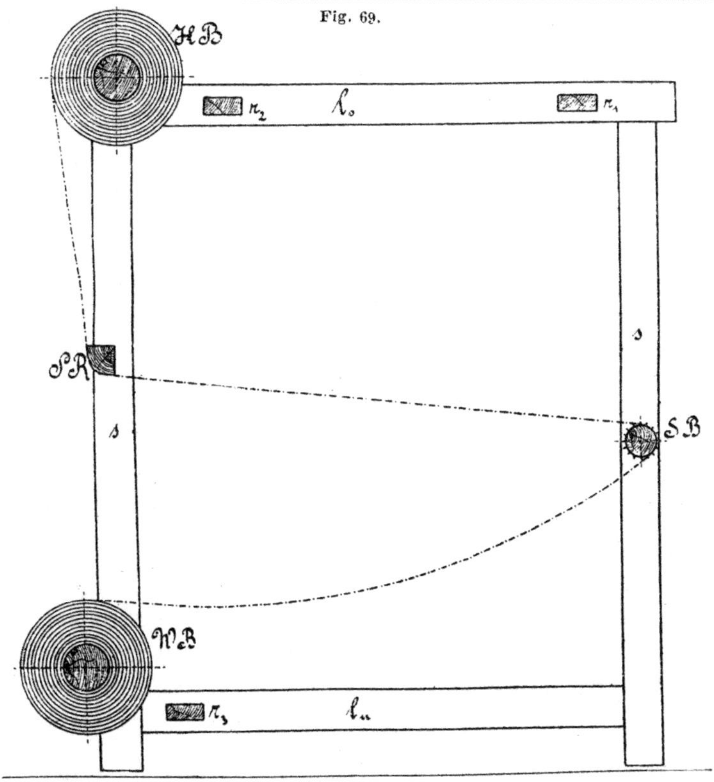

zeigen außer der Verschiedenheit gegenüber der erwähnten Bauarten noch spezielle Verschiedenheiten untereinander, entsprechend der Art des Teppichs. So ist für Gobelin die Kette vertikal gespannt, für Plüschteppiche oder

Fig. 70.

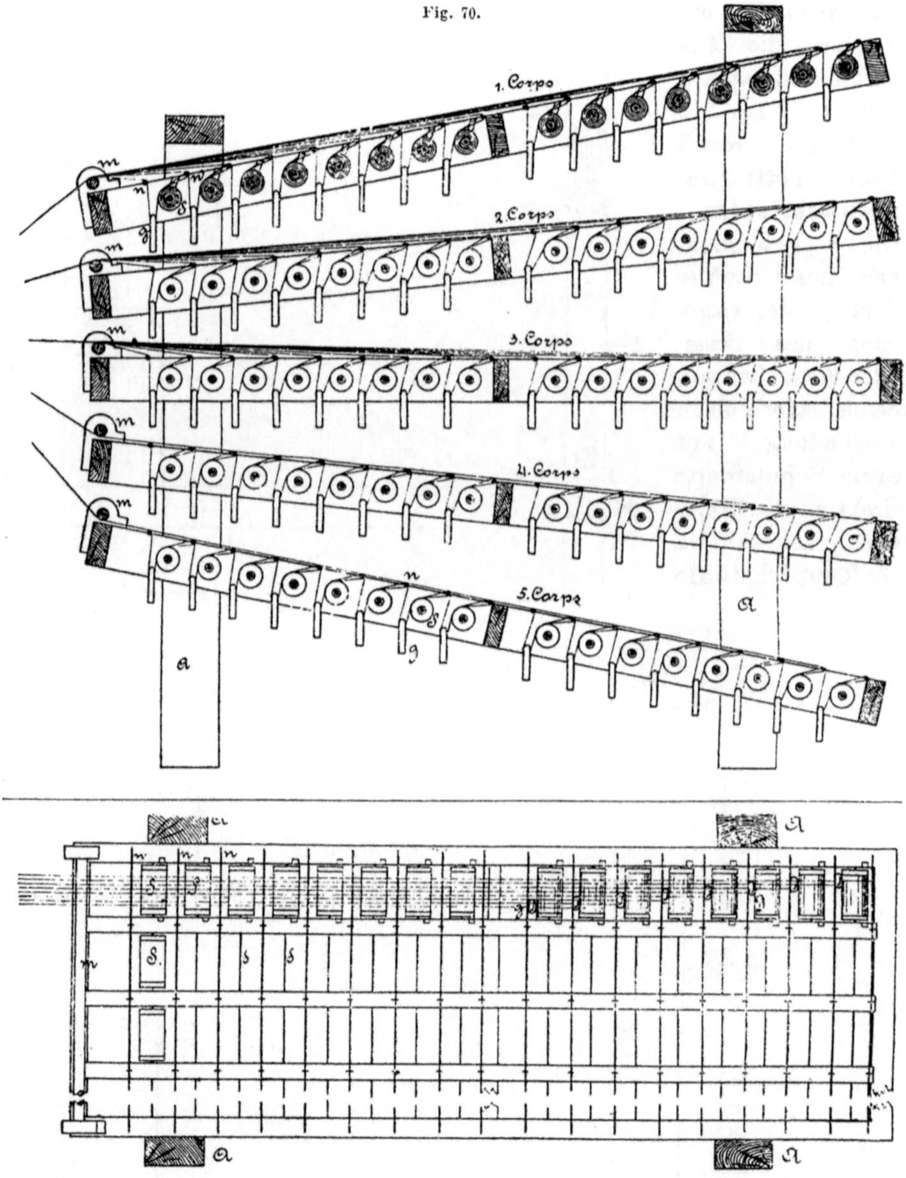

Brüsseler, Fig. 68, schräg. Der Warenbaum ist nicht vorhanden, weil sich die Ware beschädigen würde; es würde auch zu viel Raum beansprucht werden; man führt deshalb die Ware vom **Nadelbaum** *NB* ab und legt sie am Boden in Falten. Fig. 69 stellt einen Teppichstuhl vor zur Erzeugung der Juteläufer. Der Kettenbaum ist am oberen Teile gelagert und der Warenbaum, welcher im vorderen Teile des Stuhles seines großen Volumens wegen nicht gut untergebracht werden kann, im rückwärtigen Teile unten gelagert; hiebei muß aber die Schaftzugvorrichtung eine spezielle Bauart erhalten, weil ja die Ware unterhalb der Schäfte fortgeführt wird. Fig. 220 und 221 zeigt das Gestell eines **Knüpfteppich-**

Fig. 71.

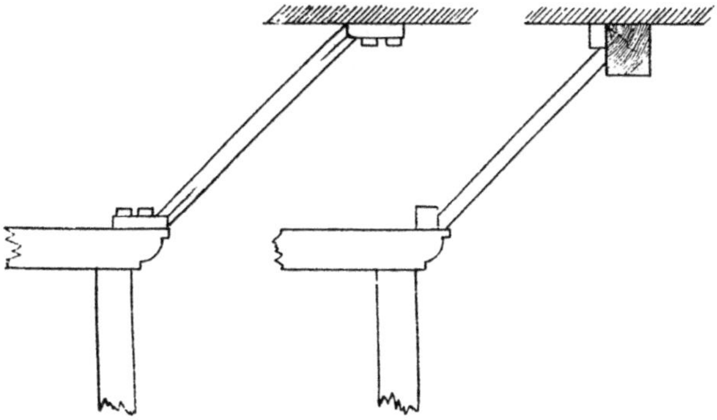

Fig. 72.

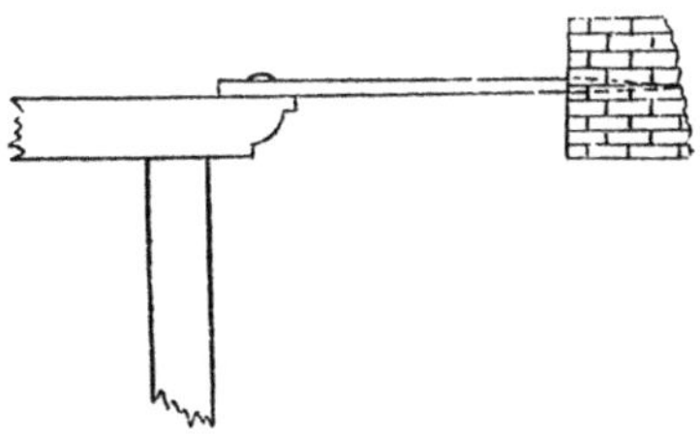

Fig. 73.

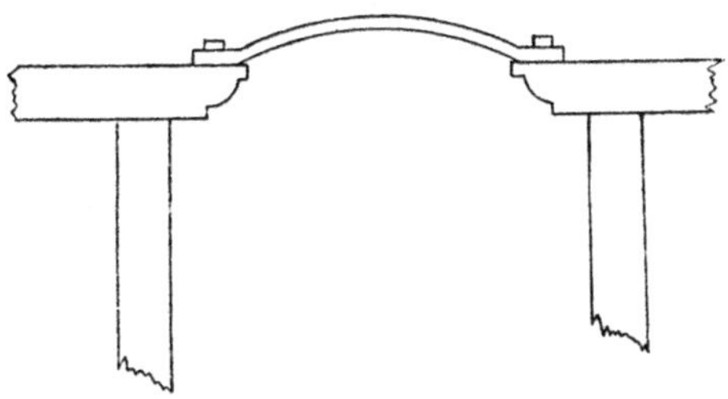

stuhles mit vertikal gespannter Kette. Die **Jacquard-Velourteppichstühle** und die **Figursamtstühle** erhalten außer dem Webstuhle noch ein ganz besonderes Gestell, welches rückwärts in gewisser Entfernung aufgestellt wird und zur Aufnahme der **Polkettenfadenspulen** dient, Fig. 70. Die einzelnen Arten der bisher genannten Stühle weichen aber auch in der speziellen Konstruktion untereinander ab, indem jeder Webereidistrikt seine Webstühle besitzt. Damit während des Webens der Stuhl keine zu großen Erschütterungen erleide, ist es von Vorteil, wenn das Stuhlgestell gegen die Decke, Fig. 71, oder gegen die Wände des Zimmers, Fig. 72, oder auch untereinander, Fig. 73, verspreizt und gestützt ist.

II. Die Erzeugung der Gewebe.

Die mechanische Erzeugung der Gewebe läßt sich am leichtesten so durchführen, daß man einen Teil der in einer Ebene ausgespannten Kettenfäden hebt, den Schußfaden in die so entstandene Öffnung bringt und die Kettenfäden hierauf in die frühere Stellung zurückführt. Die hiezu notwendigen Operationen sind hienach: Bewegungen der Kette und Bewegungen des Schusses.

A. Die Bewegung der Kette.

a) Bewegung der Kette in ihrer Ebene.

1. Allgemeines.

Um die Kette teilen zu können, müssen die Fäden in geordneter, paralleler Lage in einer gewöhnlich horizontalen Ebene ausgespannt werden. Die Kette ist zumeist 50 oder mehr Meter lang und ist der noch nicht verwebte Teil auf den Kettenbaum gewickelt und die fertige Ware auf den Warenbaum. Zwischen beiden wird sie meistens durch den Streich- und Brustbaum in die horizontale Ebene übergeführt.

2. Das Ablassen und Spannen.

Um für das Einschießen des Schusses die Kettenfäden geordnet zu erhalten, müssen sie in ihrer Gesamtheit gespannt werden. Man erreicht dies in einfacher Weise dadurch, daß man Ketten- und Warenbaum durch zweckmäßige Vorrichtungen festhält. Die Art der Spannung selbst kann entweder eine **feste** oder eine **nachgiebige** sein.

a) Die feste Spannung.

Wir sehen diese Spannung am einfachen Leinwandstuhle. Warenbaum und Kettenbaum bewegen sich während der Fachbildung nicht. Die Elastizität der Fäden ist groß genug, um die durch das Ausheben verlängerten Fäden nach dem Fachschließen wieder in ihre frühere Spannung zurückzubringen. Fig. 74 stellt den Durchschnitt des Warenbaumes, Fig. 75 den des Kettenbaumes vor. Man spannt die Kette durch Drehen des Handrades am Warenbaume, dem **Sperrrade** *SR*; die **Klinke** *SK* hemmt die Rückwärtsbewegung. Das Sperrrad des Kettenbaumes hat nur wenige Zähne. Die

Fig. 75.

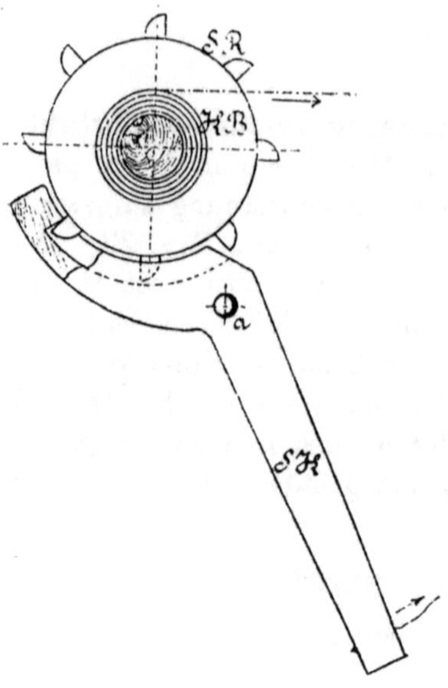

Fig. 74.

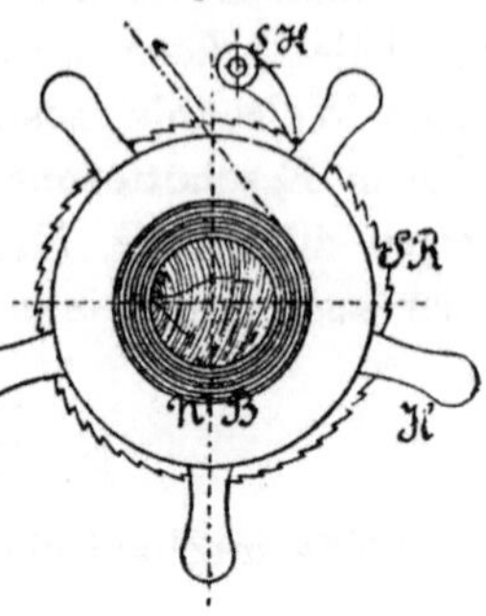

Fig. 76.

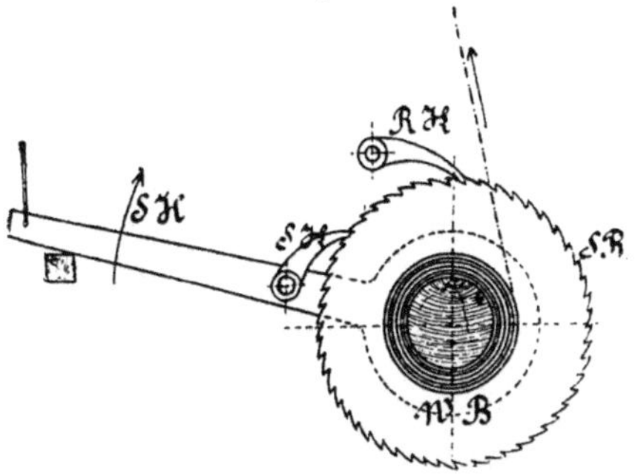

Fig. 77.

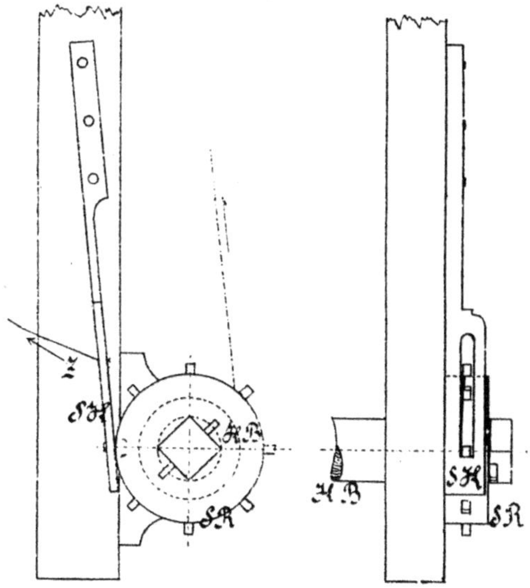

Fig. 78.

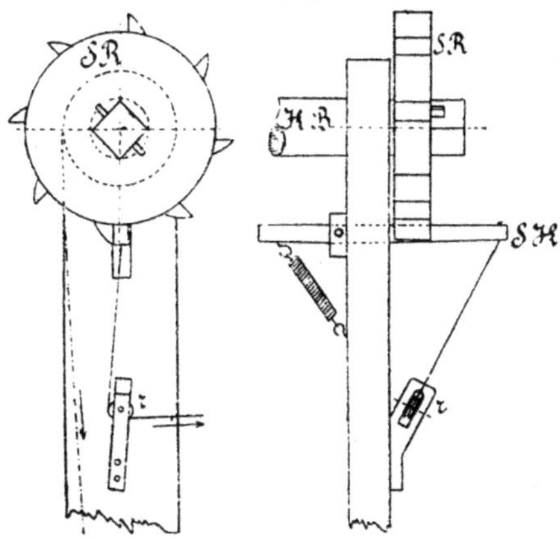

Sperrklinke ist entsprechend groß und von Holz. Anstatt des gewöhnlichen Handrades am Warenbaume wendet man insbesonders am Tuchstuhle einen beweglichen **Schalthebel,** Fig. 76, an und am Kettenbaum eine **federnde Sperrklinke,** Fig. 77. Eine dritte Art der Sperrung des Kettenbaumes zeigt Fig. 78.

Die feste Spannung ist nur für gewisse Gewebe von Vorteil; sie hat jedoch einen Nachteil, welcher sich während des Webens ergibt. In dem Maße, als das Gewebe erzeugt wird, vergrößert sich die Spannung, weil jeder einzelne Kettenfaden durch das Einweben kürzer wird. Die Fäden verlieren also durch die daraus sich ergebende allzu große Spannung ihre Elastizität und Festigkeit und verursachen abnehmende Schußdichten. Um diesen Nachteil, der besonders bei manchen Geweben fühlbar wird, zu umgehen, wendet man

b) die nachgiebige Spannung

an; sie heißt auch **weiche** oder **elastische** Spannung. Die Fäden werden dabei geschont, weil während der Fachbildung der Kettenbaum so viel Kette nachläßt und nachher so viel wieder aufwickelt, als zur Fachöffnung gebraucht wurde. Man erreicht dies in verschiedenster Weise und benützt hiezu

α) die Seilbremse.

Durch das Umschlingen einer Welle, zum Beispiel eines Kettenbaumes mit einem Seile, kann man ebenfalls die Drehung des letzteren bis zu einem gewissen Grade hindern, indem hiebei die Reibung des Seiles an der Welle in Verbindung mit dem Gewichtszuge der Drehung entgegenwirkt.

Fig. 79.

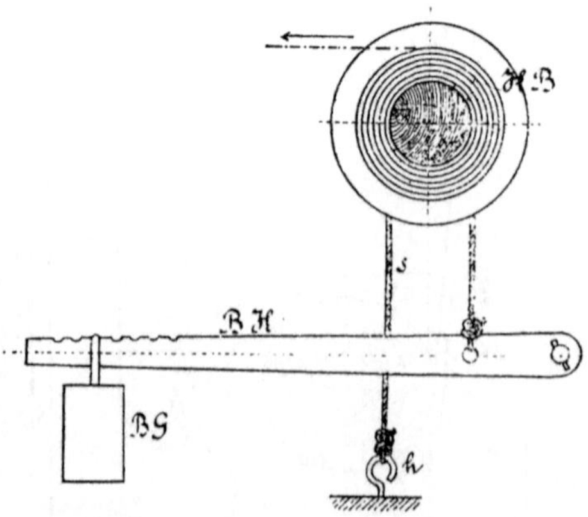

Fig. 80.

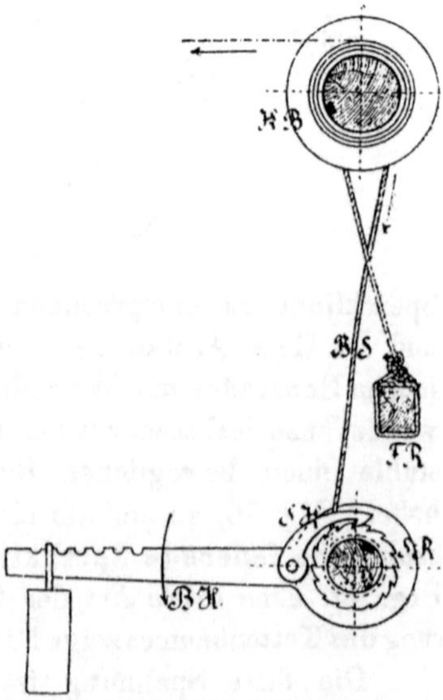

Fig. 81.

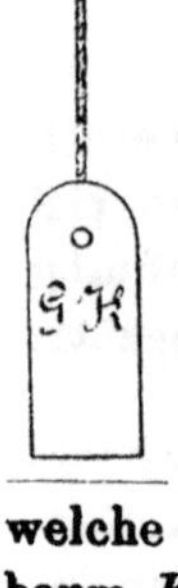

Fig. 82.

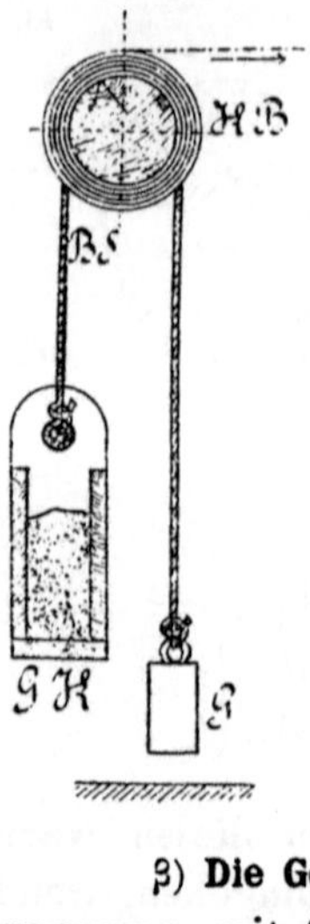

Wenn jedoch der Zug in der Kette größer wird als die Reibung, dann rutscht das Seil und die Kette wird abgelassen. Die Spannung des Seiles kann entweder durch Gewichte oder Hebelbelastung entstehen. Fig. 79 zeigt eine Seilbremse mit Hebel, Fig. 80 eine ähnliche, nur mit dem Unterschiede, daß das Seilende mit Welle und Hebel in Spannung erhalten wird.

β) Die Gegengewichtsspannung.

Die Spannung mit Gegengewicht ist in Fig. 81 erkennbar. Der Kettenbaum besitzt an dem einen Ende eine Scheibe zum Zwecke der Aufnahme eines Seiles. Das eine Seilende wird an der Scheibe befestigt, das andere mit einem Gewichtskasten beschwert. Der Gewichtszug ist dem Kettenzuge entgegengesetzt gerichtet. Das Seil wickelt sich dabei in dem Maße auf die Scheibe, als Kette vom Baume entnommen wird. Diese Spannung ist nachgiebig und elastisch. Eine kombinierte Spannungsart ist jene in Fig. 82, welche sehr häufig in der Seidenweberei angewendet wird. Um den Kettenbaum *KB* ist ein Seil $3^1/_2$ mal geschlungen. An dem einen Seilende hängt als Gegengewicht ein Gewichtskasten, an dem anderen Ende ein kleineres Gewicht. Beide Gewichte halten infolge der auftretenden Reibung einander das Gleichgewicht, d. h. es tritt keine Bewegung der Gewichte ein. Die Größe der Gewichte muß jedoch der Spannung der Kette angepaßt sein. Während nun die Kette abgewickelt wird, solange die Gewichte freischweben, hebt sich der Gewichtskasten und wirkt gerade so wie die Spannung in Fig. 81. Sobald aber das kleine Gewicht auf den Fußboden stößt, wird dieses Seilende locker — verliert an Spannung —, infolgedessen das Gleichgewicht gestört und die Reibung durch die Spannung der Kette überwunden; das Gegengewicht wird um etwas zurückrutschen.

Ketten figurierter Samtgewebe weben jeden einzelnen Florfaden verschieden ein. Die Kettenfäden können nicht mehr gemeinschaftlich gespannt werden, weshalb jeder Faden eine separate Spule erhält, welche für sich gebremst werden muß. In diesem Falle wird z. B. nach Fig. 83 der Ketten-

Fig. 83.

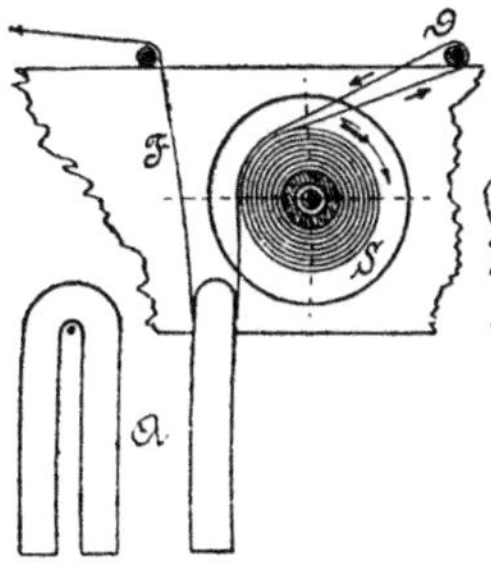

Fig. 84.

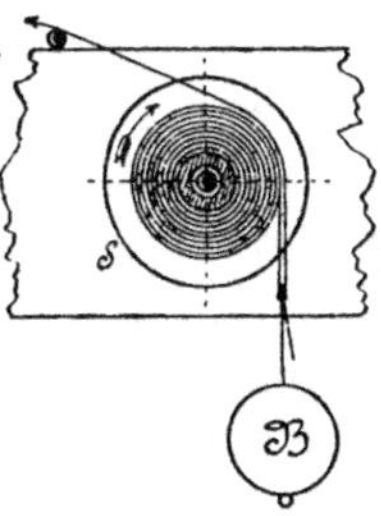

Fig. 85.

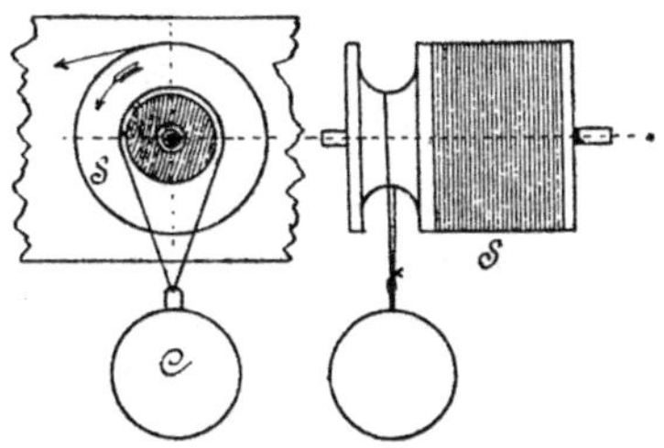

faden *F* durch ein u-förmig gebogenes Anhangeisen *A* gespannt und die Spule *S* vom Faden selbst gebremst, indem derselbe in der dargestellten Art sich um einen Führungsdraht *D* und außerdem über die Spule herum bewegt; oder nach Fig. 84, bei welcher ein kugelförmiges Bleigewicht *B* die Spannung des Fadens und die Bremsung der Spule besorgt; oder es wird nach Fig. 85 durch bloßes Anhängen des Gewichtes *C* um den Spulenkörper eine dem Faden entsprechende Spannung erzeugt.

3. Die Führung der Kette.

Die zum Arbeiten bequemste Lage der Kette ist die horizontale. Doch hat man in der Gobelin- und Teppichfabrikation die Kette in vertikaler Lage aus demselben Grunde aufgespannt. Um die einzelnen Fäden genau in einer Ebene zu erhalten, ist man genötigt, besondere Holzriegel zur Führung anzuwenden. Hiezu dienen:

a) Der Streichbaum und Streichriegel.

Der Querschnitt desselben ist entweder halbrund oder kreisrund. Der erstere wird stets bei fester Spannung angewendet und der Riegel selbst ist unbeweglich, jedoch verstellbar*). Der letztere wird bei der nachgiebigen Spannung verwendet und ist der Baum beweglich**). Während des Webens schwingt er und der Kettenbaum, entsprechend der Fachbildung, mit. Der Streichriegel ist im rückwärtigen Teile des Stuhles gelagert, bisweilen auch im untern Teile zur Führung der Ware, aber auch als sogenannte **Spannwalze** vor dem Warenbaume eines Seidenstuhles.

b) Der Brustbaum.

Derselbe hat gleichfalls eine runde oder abgerundete Querschnittsform. Er ist fest oder drehbar gelagert, in der Höhenlage verstellbar und fehlt bisweilen ganz, indem bei manchen Geweben an seine Stelle der Warenbaum oder ein Nadelbaum eingelegt wird.

4. Die Teilung der Kette.

Es ist bereits gesagt worden, daß man zwei bis vier Kreuzschienen verwendet, daß auf das **Fadenkreuzen** schon beim Schweifen eine große Sorgfalt gelegt wird. Es hat dies aus mehreren Gründen seine Ursache, und zwar werden 1. die Kettenfäden beim Durchgange gesondert und den Schäften einzeln zugeführt; 2. wird hiedurch die Arbeit selbst erleichtert, indem die gebrochenen Fäden leichter aufgefunden und in Ordnung erhalten werden können; 3. üben die Kreuzschienen bei leinwandartigen Geweben einen günstigen Einfluß während des Webens auf das Aussehen des Gewebes aus. In der Handweberei müssen stets die Schienen angewendet und von Zeit zu Zeit zurückgeschoben werden.

5. Das Breithalten der Ware.

Durch das Verweben des Schusses mit der Kette und durch das Hindurchwerfen der Schütze spannt sich der loswickelnde Schußfaden und bewirkt ein Einziehen der Ware in der Breitenrichtung. Um diesen Übelstand nicht unnützerweise groß werden zu lassen, um die Breite der Ware von der Breiteneinstellung nicht viel abweichen zu lassen, endlich um den Kamm und die Leisten zu schonen, ist man gezwungen, Vorrichtungen anzubringen, welche die Ware an ihren Leisten erfassen und sie in der Kammbreite während des Webens festhalten. Man erreicht dies in der Handweberei in einfachster Weise durch verlängerbare Stäbe; sie heißen **Spannstäbe, Handbreithalter,** zum Unterschiede von den in der mechanischen Weberei verwendeten selbsttätigen Breithalter. Derartige Stäbe sind in den Fig. 86 bis 89 ersichtlich. Die einzelnen Teile 1 und 2 lassen sich ineinander oder auseinander verschieben und durch Schnüre, Stifte und Vorstecker festhalten. Kurze Stahlstifte oder harte Messingstifte an den Enden

*) Siehe Fig. 66, 69.

**) Siehe Fig. 67, 209, 214, 231.

greifen in die Leiste des Gewebes ein und halten dasselbe breit. Der Handspannstab muß jedoch von Zeit zu Zeit in die Nähe des Kammes vorgerückt und

Fig. 86.

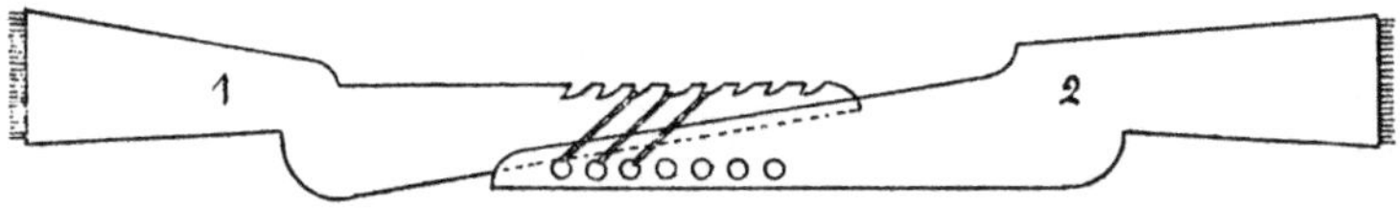

Fig. 87.

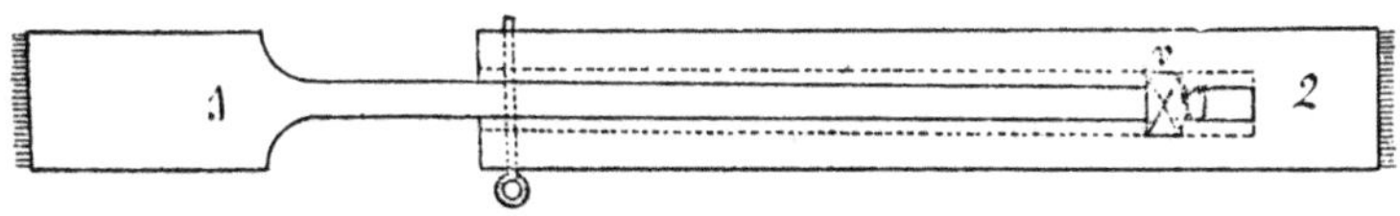

Fig. 88.

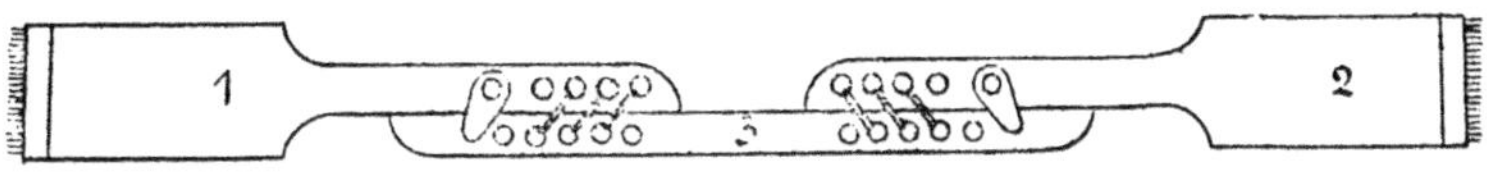

eingesetzt werden. Diese mit Spitzen versehenen Spannstäbe haben jedoch einen Nachteil, der besonders bei feinen Waren auftritt. Die Spitzen greifen in die Leiste, verunstalten und reißen sie bisweilen aus. Aus diesem Grunde hat man Spannstäbe konstruiert, welche an ihren Enden mit Pressen versehen sind Fig. 89. Sie quetschen die Leisten ein, und die Reibung, hervorgebracht durch die Druckvorrichtung, hält die Endleisten fest. In der Seidenweberei hat der eingetragene Schuß kein Bestreben, die Ware einzuziehen, nachdem die Kettenfäden sich um den Schußfaden schmiegen, so daß letzterer gestreckt bleibt. Man wendet keine Breithalter an und macht die Ware durch den erwähnten konischen Spannriegel faltenlos.

Fig. 89.

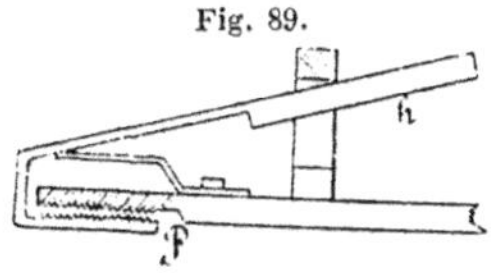

6. Das Schalten der Kette und Ware.

In dem Maße, als der Schuß eingetragen wird, bildet sich das Gewebe. Es würde endlich der Raum zwischen Lade und Schaft zu klein, wenn man nicht Vorkehrungen träfe, welche das Fortrücken der Kette in ihrer Richtung bezwecken. Man nennt dieses Fortrücken zum Zwecke des fortgesetzten Arbeitens im allgemeinen das **Schalten.** Dasselbe kann in zweierlei Weise erfolgen, und zwar a) **periodisch** (zeitweise), d. h. die Ware wird von Zeit zu Zeit fortgerückt. Man löst hiebei die Sperrklinke *SK* des Kettenbaumes in Fig. 75, 77 und 78 mit Zugschnur und dreht das **Handrad** des Warenbaumes oder bewegt den Hebel in Fig. 76 und wickelt so lange Ware auf, bis die Kette wieder gespannt ist. Der Gleichmäßigkeit halber in der Spannung der Kettenfäden in gewissen Waren ist es von Vorteil, wenn das Schalten b) **kontinuierlich** (unausgesetzt) erfolgt. Es dient hiezu ein besonderes Räderwerk, welches durch die Bewegung der Lade, Tritte oder

Fig. 90.

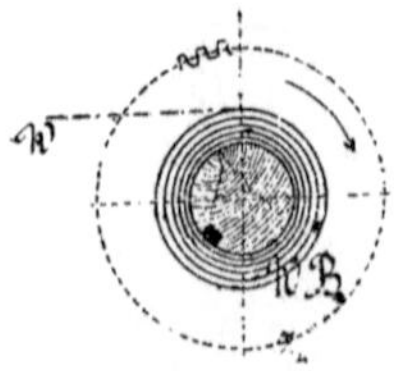

Schaftmaschine in Tätigkeit gesetzt, die Ware bei jedem Schlage um so viel weiter rückt, als durch den eingetragenen Schuß gebildet wurde. Man nennt dieses Schaltewerk sowohl in der mechanischen Weberei als auch in der Handweberei **Regulator,** welcher entweder die

Fig. 91.

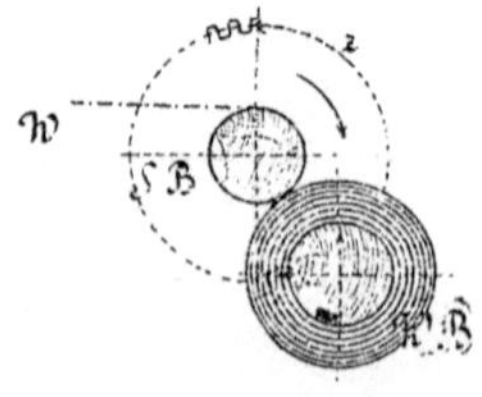

Ware direkt auf den Warenbaum aufwickelt, Fig. 90, oder indirekt auf einen durch Reibung, Fig. 91, mitgenommenen Warenbaum wickelt. Fig. 92

Fig. 92.

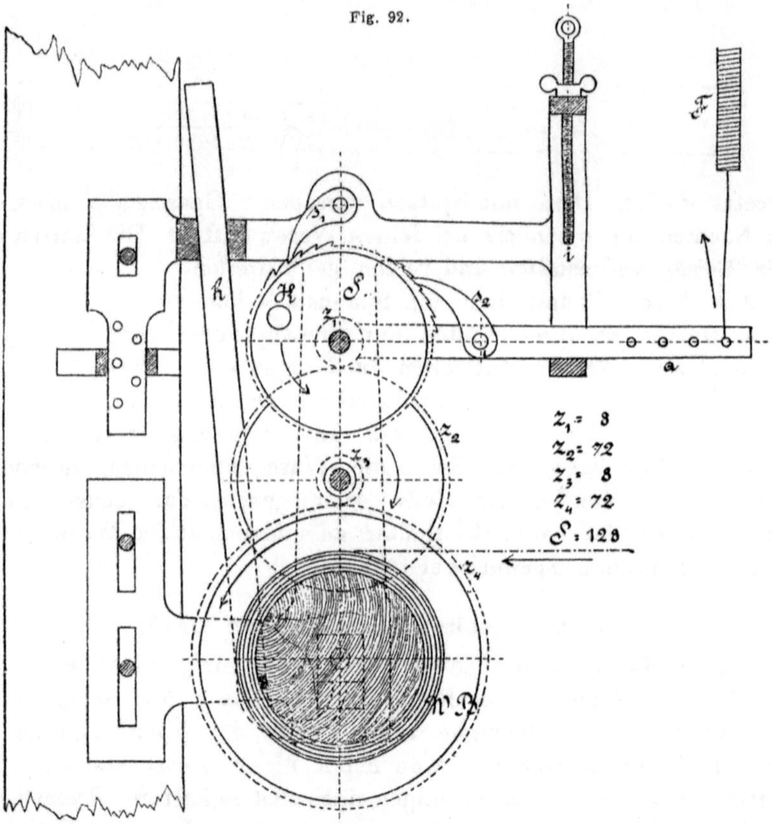

stellt einen solchen Regulator mit direkter Aufwicklung vor. Die Klinke s_2 am Hebel a greift in das Sperrad S, schaltet dasselbe ruckweise fort, indem es beim Rückgange von s_2 durch s_1 an der Rückbewegung gehemmt wird. Mit diesem Rade ist das kleine Zahnrad z_1 verbunden, welches in das sogenannte große Vorgelegerad z_2 eingreift. Letzteres ist

Fig. 93.

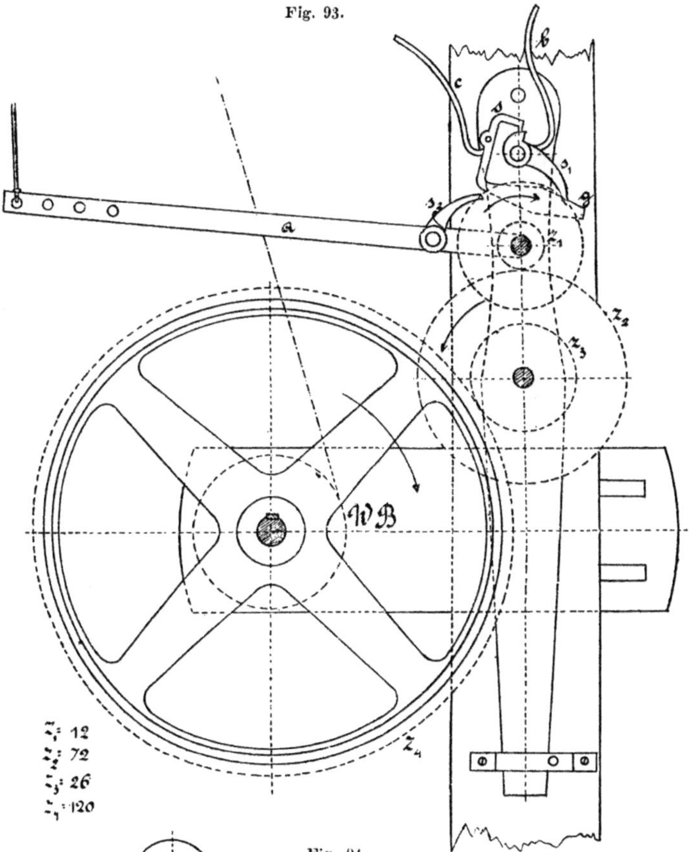

Fig. 94.

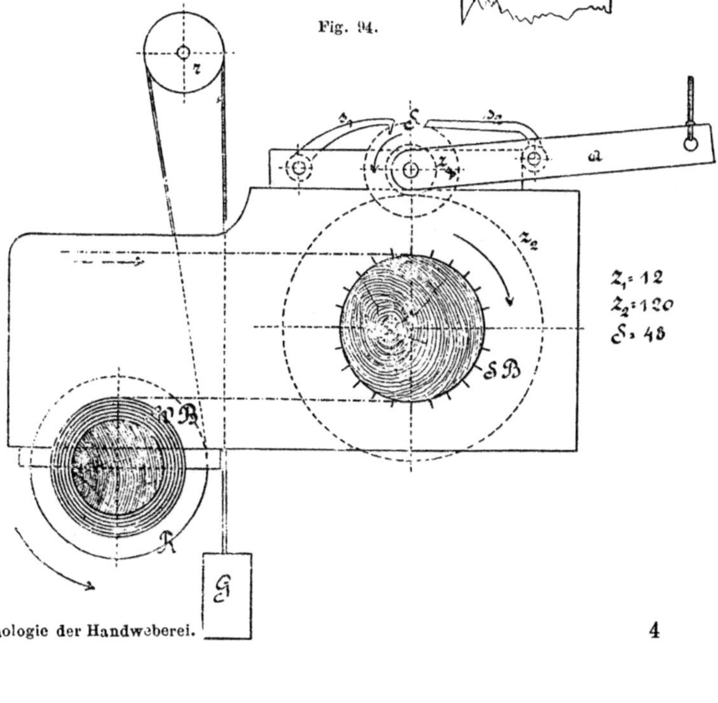

mit dem kleinen Rade z_3 verbunden, welches in das Baumrad z_4 greift und dieses, entsprechend der Übersetzung in das Langsame, Schuß um Schuß fortrückt. In dem Maße, als der Durchmesser des Warenbaumes zunimmt (bei gleicher Schaltung des Regulators vergrößert sich der Umfangsweg des Warenbaumes), würde die Schußdichte abnehmen, wenn nicht die Aushebung des Hebels *a* kleiner und kleiner gemacht würde. Man erreicht dies durch die Schraube *i*, welche durch Verstellen im Schlitze den Hub, beziehungsweise die Schaltung, begrenzt. Der Hebel *h* dient zum Ausdrücken des Warenbaumes. Dieser Regulator mit direkter Aufwicklung kommt insbesonders an Seidenstühlen in Anwendung. Sie haben noch eine weitere Einrichtung, welche für ungleiches Schußmaterial den Regulator mehr oder weniger auch ganz ausschaltet, oder um undichte Schußstreifen im Gewebe zu vermeiden, stößt bei Ladenanschlag ein hervorstehender Fühler zu weit nach vorn und rückt die Verbindung eines Stoßhebels mit dem Schalthebel *a* aus. Der Regulator, Fig. 93, für gewöhnliche Stoffe mit direkter Aufwicklung zeigt im allgemeinen dasselbe Prinzip. Um den Regulator abzustellen, drückt der

Fig. 95.

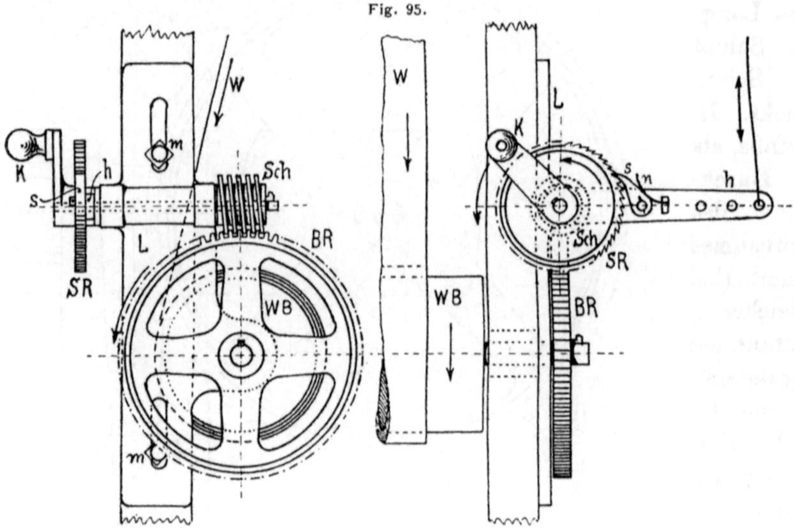

Weber auf den Griff *b*, so daß die Nase von s_1 unter jene von *s* kommt, und das Gewicht *g* ein Hochstehen von s_1 bewirkt. Um weiterzuarbeiten, drückt man dann an *c*, so daß die Klinke s_1 wieder einfällt. Auch die zu weit nach vorn anschlagende Lade rückt *b* automatisch aus.

Für Frottierwaren benötigt man infolge der geringen Schußdichte und Schlingenbildung einen einfacheren Regulator, ohne Vorgelege, Fig. 94, welcher mittels Nadelbaum die Ware festhält, während die geschaltete fertige Ware separat auf den Baum *WB* mit Gewichtszug aufgewickelt wird. Als weitere Art der Regulatoren findet noch der **Schraubenregulator,** Fig. 95, Anwendung.

Der Regulatorhebel *h* schaltet nach Maßgabe des Aushubes mit der Klinke *s* das Schaltrad *SR,* welches mit einer Schnecke *Sch* das am Warenbaume *WB* befindliche Baumrad dreht und Ware aufwickelt. Die Sperrung erfolgt durch den Zahneingriff selbst.

b) Bewegung der Kette aus ihrer Ebene.

1. Allgemeines.

Um die Kettenfaden mit den Schußfäden zu verkreuzen, ist es nötig, einen bestimmten Teil der Kette aus seiner Ebene herauszuheben und in die so entstandene **Fachöffnung** den Schuß einzutragen. Um ein reines, großes, freies Fach zu erhalten, ist es vorteilhaft, die geteilte Kette gleichmäßig nach auf- und abwärts zu ziehen, in dieser Lage gespannt zu erhalten und die Schaltbewegung der Kettfäden nicht zu hindern, damit jeder einzelne Faden sich frei nach auf- und abwärts, sowie nach vorn bewegen kann. Wenn derselbe durch einen Ring gezogen wird, welcher durch Schnüre an Stäbe befestigt wird, so ist dieser Anforderung vollkommen Genüge getan. Der so entstandene Apparat heißt **Schaft** und die Gesamtheit derselben das **Werk,** die Hebevorrichtung der Schäfte **Schaftzugvorrichtung,** welche den Zweck hat, die zu hebenden Kettenfäden bei der Fachbildung auf einmal auszuheben.

a) Die Helfen.

Die Anordnung der Schnüre mit den Ringen heißen **Helfen,** die in den Fig. 96 bis 112 ersichtlich sind. Die Ringe des Schaftes, durch welche die Kettenfäden gezogen werden, heißen **Helfenaugen** und sind entweder Zwirnschleifen in der Länge von 8 *mm*, Fig. 96, Drahtringe, Fig. 97,

Fig. 96. Fig. 97. Fig. 98.

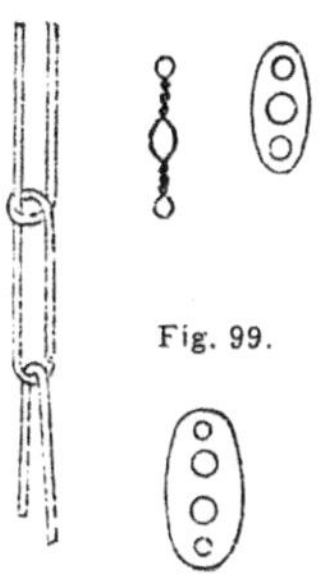

Fig. 99.

Fig. 100.

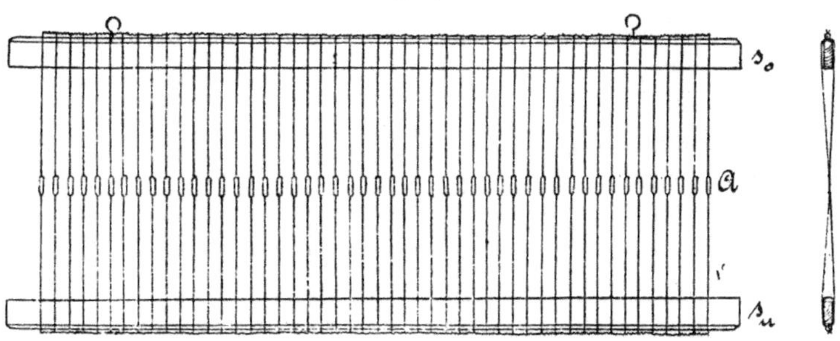

Glasringe, Fig. 98, oder Metallaugen, Fig. 99. Die **Helfenschnüre, Ober-** und **Unterhelfen,** sind zumeist mit Leinöl gefirnißte Baumwollzwirne. Die Gesamtheit der Helfen, die an einem oberen und an einem unteren Stabe aufgereiht sind, heißt ein **Schaft** und die Entfernung der beiden **Schaftstäbe** die **Schafthöhe,** Fig. 100. Früher, wo man die verschiedensten Arbeiten mit der Hand auszuführen gewohnt war, war auch die Herstellung der Schäfte Handarbeit.

Heute läßt man zumeist Maschinen diese sehr genaue Arbeit verrichten, sofern man ein sogenanntes **gestricktes Werk** beansprucht; im anderen Falle werden einzelne Helfen, die **Schiebehelfen,** an Ort und Stelle gereiht und verteilt und an einer starken Schnur längs der Schaftstäbe durch Verschlingung befestigt, Fig. 101, außerdem noch vernäht, so daß ein Verschieben während des Webens unmöglich ist. Diese Helfen haben die Form nach Fig. 102 bis 104. Helfen mit Schleifen, ohne Schleifen und Metallaugen oder für

Damastweberei im Vorderwerk als sogenannte **Fachhelfen**, Fig. 105, als **halbe Helfen** in Vorderschäften, Fig. 106, für **Aufzug**, oder Fig. 107 für **Niederzug**, endlich als solche, Fig. 108, welche aus unverbiegbarem,

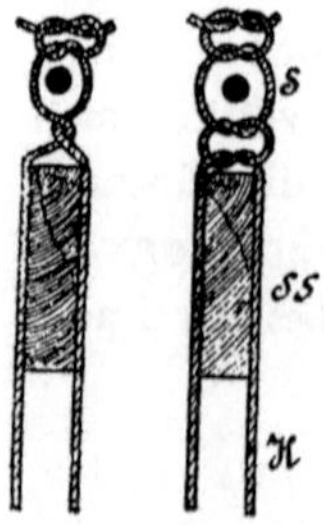

Fig. 101.

Fig. 102.

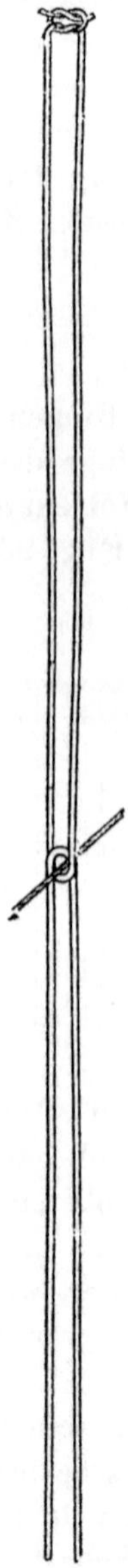
Fig. 103.

Fig. 104.

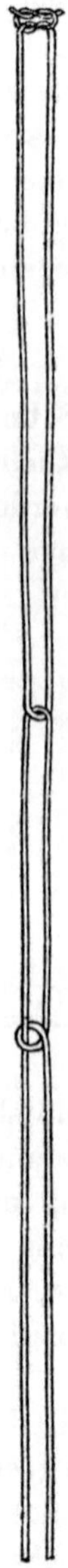
Fig. 105.

Fig. 106.

Fig. 107.

Fig. 108.

verzinntem Eisendraht oder nach Fig. 109 aus Flachstahldraht gefertigt sind. Die Schäfte der Lyoner Seidenweberei, Fig. 110, haben überdies eine spezielle Einrichtung, indem die der Abnützung unterworfenen Stellen der Helfen gewechselt werden, wobei man die Stabschnur in den Teilen S_1 und S_2 von Zeit zu Zeit an anderen Stellen anknotet. Fig. 111 und 112 zeigen **Dreherhelfen.**

b) Das Fach.

Die Fachbildung kann entweder so vor sich gehen, daß ein Teil der Kette nur nach aufwärts gezogen wird, während der andere

Teil in seiner Stellung verbleibt; die so entstandene Öffnung heißt das **Oberfach** oder **Hochfach,** Fig. 113, oder aber kann die Fachbildung so vor sich gehen, daß der eine Teil der Kette nach abwärts gezogen wird, während der andere in seiner Stellung verbleibt. Das entstandene Fach heißt das **Unterfach** oder **Tieffach,** Fig. 114 Endlich kann der eine Teil nach aufwärts, gleichzeitig der andere Teil nach abwärts gezogen werden: das so entstandene Fach heißt **volles Fach** oder **Hoch- und Tieffach,** Fig. 115. Will man jedoch mit irgend einer Vorrichtung, welche die Schäfte nur hoch bewegt, trotzdem ein volles Fach erreichen, vorausgesetzt, daß es die Spannung der Kette zuläßt, so hängt man die Kette in den **Sack,** d. h.: man läßt sie einen Winkel nach abwärts zwischen Brust- und Kettenbaum bilden. Wenn jedoch die Schäfte alle gleichhoch heben und ebenso gleichartig tief ziehen, so hat das so entstandene Fach einen bedeutenden Übelstand, welcher darin besteht, daß die Fäden des oberen

Fig. 109.

Fig. 110.

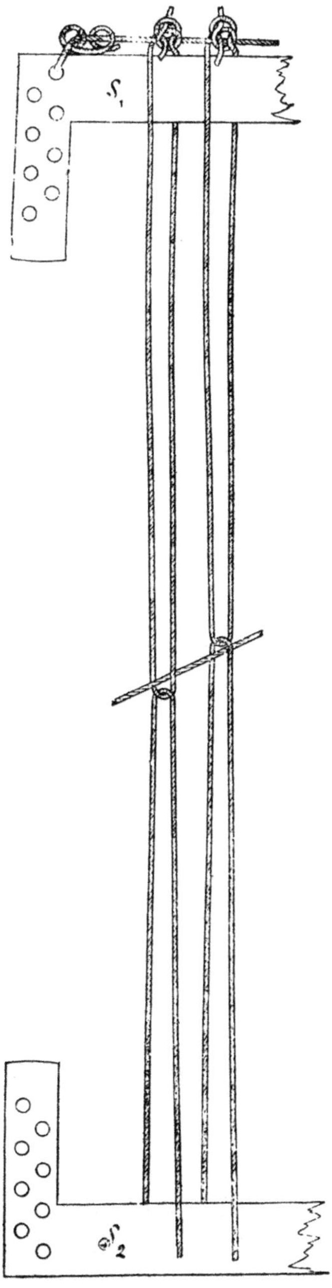

Fig. 111.

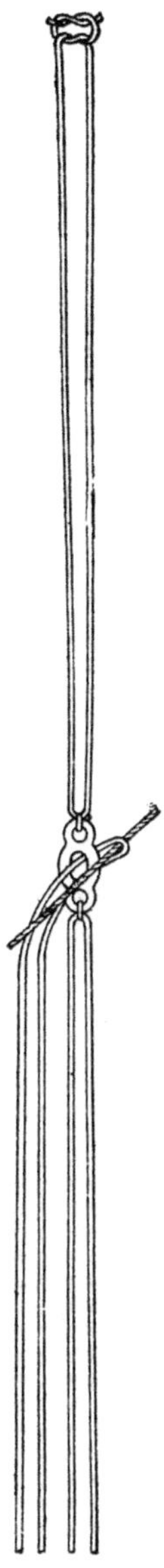

Fig. 112.

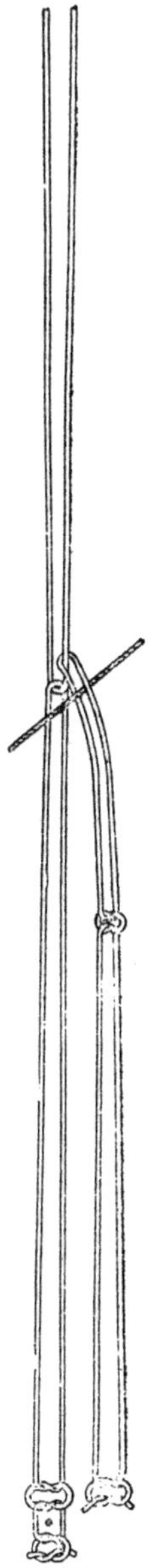

sowie des unteren Faches nicht in dieselben Fachebenen zu liegen kommen. Man sagt, das Fach ist **unrein,** es hindert den Durchgang der Schütze und ist die Ursache mancher Webfehler, Fig. 116. Man trachtet auf jede Weise, diesen Übelstand zu entfernen, d. h. die Schäfte während Hebung oder Senkung so zu stellen, daß sie von vorn nach rückwärts auf-, bzw. absteigen, damit sämtliche Fäden in eine Ebene zu liegen kommen, Fig. 117. Dieses Fach heißt **rein** oder auch **Schrägfach.** Bei jenen Vorrichtungen, welche die Schäfte nur ausheben, erreicht man zum mindesten ein reines Unterfach in der Weise, daß man die Schäfte schon von allem Anfang an von vorn nach rückwärts absteigend anhängt, Fig. 118. Das Hochziehen muß womöglich so vor sich gehen, daß die hinteren Schäfte höher zu stehen kommen. Je mehr Schäfte angewendet werden, desto unreiner wird das Fach, weil das Hochziehen der ersten Schäfte insofern begrenzt ist, als es von der Elastizität des Kettenmaterials abhängig ist. In der Seidenweberei geht man jedoch weiter und bringt in besonderer Anordnung der Schäfte die doppelte Zahl derselben auf den zulässigen

Fig. 113.

Fig. 114.

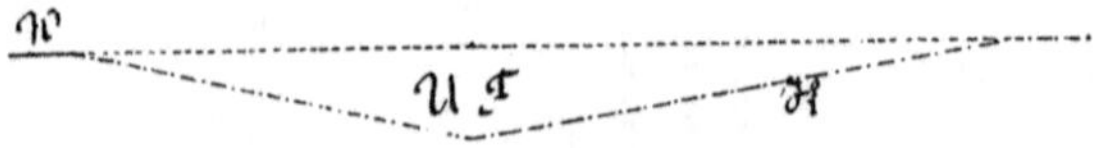

Fig. 115.

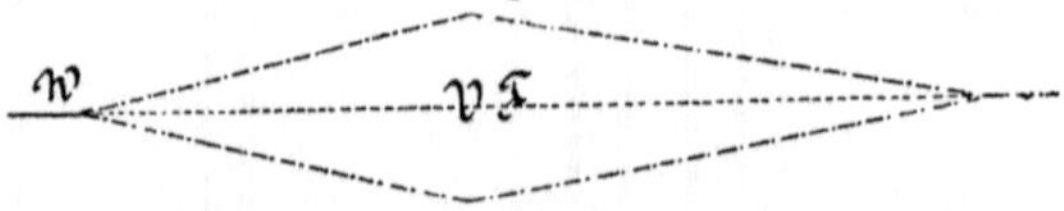

Fig. 116.

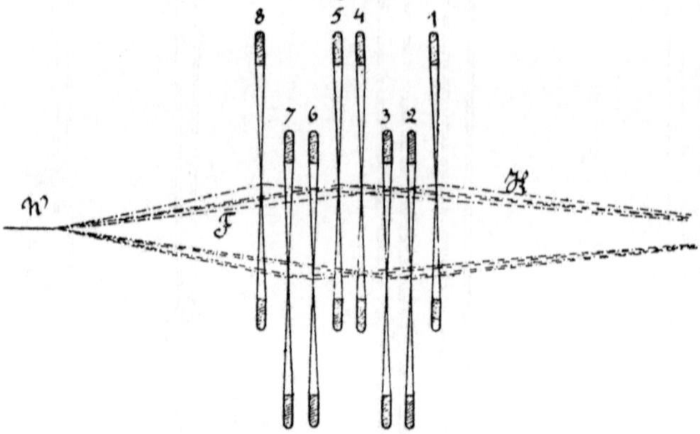

Fig. 117.

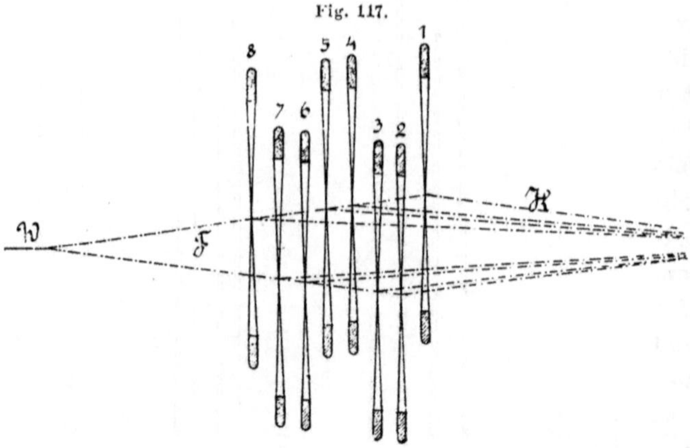

Raum an, Fig. 119. Hiebei wird die Schafthöhe der ungeraden Schäfte doppelt so hoch gemacht als jene der geraden.

Das Zurückbringen der Schäfte aus der gehobenen oder gesenkten Stellung nennt man **Einfallen** oder **Fachschließen,** den dadurch eingenommenen Stand derselben: **Fachschluß** oder **geschlossenes Fach,** und die Einstellung anderer dem Muster entsprechenden Schäfte den **Schaftwechsel.** Die Bewegung der Schäfte auf- und abwärts wird hervorgebracht durch Treten auf Hebel, d. h. durch ein Niederdrücken der letzteren, welche, weil sie mittelbar mit den Schäften verbunden sind, ein Ziehen derselben nach auf- oder abwärts zur Folge haben. Jeder solcher Tritt kann auf zweierlei Weise getreten werden, und zwar kann der Drehpunkt des Hebels, bzw. **Trittes** rückwärts im Stuhle angebracht sein: er wird auf den **Kopf getreten,** Fig. 120, oder der Drehpunkt des Trittes ist vorn im Stuhle gelagert, Fig. 121: er wird auf den **Rücken getreten.** Diese letzte Anordnung bietet den Vorteil, daß die hinteren Schäfte ohne jede weitere Vorrichtung tiefer und höher

Fig. 118.

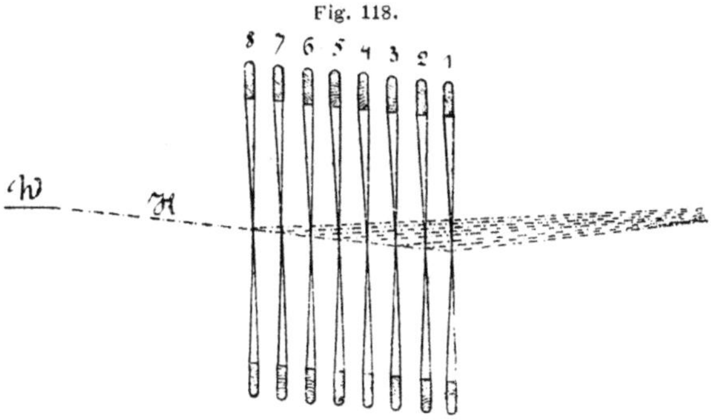

Fig. 119.

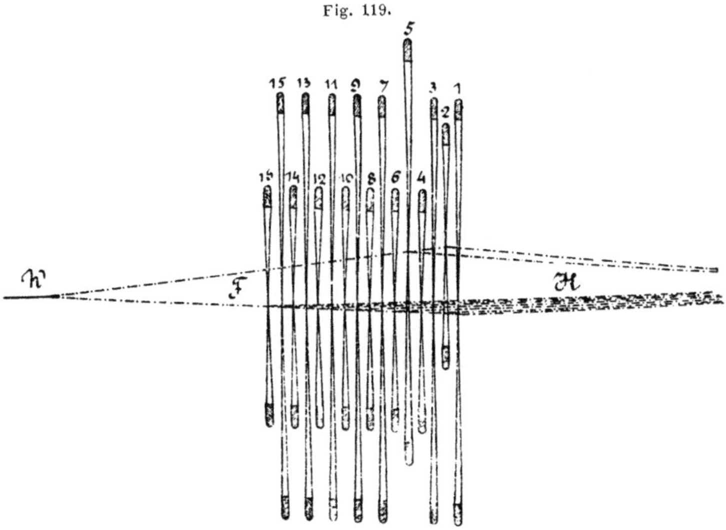

Fig. 120.

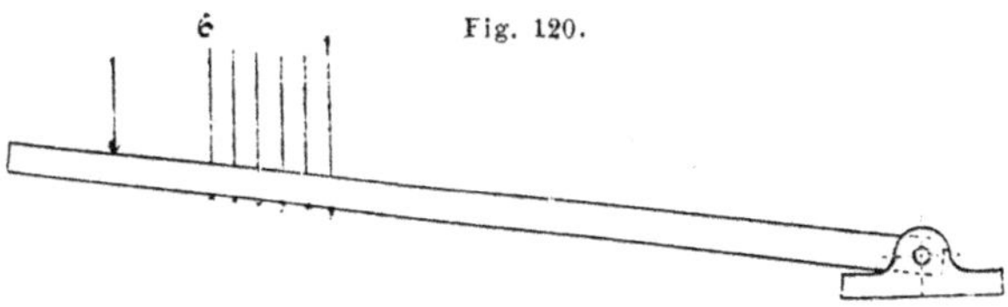

Fig. 121.

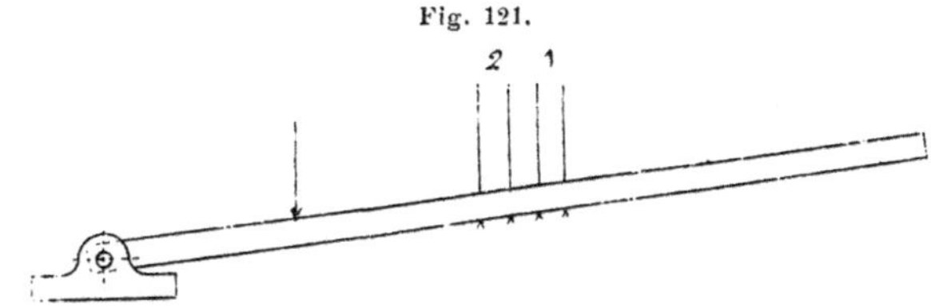

gezogen werden, indem der Aufhängepunkt des Schaftes am Hebel einen größeren Weg beschreibt; man braucht aber eine viel größere Kraft als im ersten Falle; daher stellt sich der Tuchweber mit seinem ganzen Körpergewichte darauf. Die Anzahl der Tritte richtet sich nach den ungleichartig bindenden Schußfäden.

c) Die Bindung der Gewebe.

Die Bewegung der Kettenfäden behufs Fachbildung hat nach bestimmten Gesetzen zu erfolgen, welche Verbindungsarten oder kurz **Bindungen** heißen. Zur zeichnerischen Darstellung der Gewebebindungen bedient man sich des **Linienpapieres** und denkt sich die vertikalen Zwischenräume der Linien als Kettenfäden, die hiezu senkrechten oder horizontal verlaufenden Zwischenräume als Schußfäden. Die Kreuzungsstelle für einmalige Abbindung der Fäden, also ein kleines Quadrat, heißt ein **Bindepunkt** und bezeichnet alle jene Bindepunkte mit roter Farbe, deren Kettenfäden über den Schuß laufen. Die regelmäßige Wiederkehr der verschiedenen Bindepunkte in einem Gewebe heißt das **Rapportieren** der Bindung oder der **Binderapport.** Als erster Kettenfaden wird der äußerste links und als erster Schußfaden der unterste in der Zeichnung angenommen. Die über der eigentlichen Bindungszeichnung verlaufenden horizontalen Linien oder Zwischenräume stellen die Daraufsicht der Schaftstäbe, beziehungsweise die Schäfte vor. Die Kreuzungsstelle der verlängerten Kettenfäden mit den jeweiligen Schäften wird mit einem Ringelchen (◯), darstellend die Helfe, bezeichnet, in welche die Kettenfäden eingezogen sind. Die regelmäßige Folge der Kettenfäden in ihren Helfen heißt in der Zeichnung der **Einzug.** Als erster Schaft gilt der oberste, also jener, den die Kettenfäden vom Warenbaume zum Brustbaume zuerst passieren. Der Einzug beginnt stets mit dem ersten Kettenfaden im ersten Schafte. Die vertikalen Zwischenräume rechts neben der Bindungszeichnung stellen die Tritte vor und die Schnittquadrate derselben mit den aufeinanderfolgenden Schußlinien die **Tretweise** oder **Trittfolge;** sie wird mit Einschreibung der Trittzahlen oder durch Vollfüllung markiert. Endlich geben die Kreuzungsquadrate der Schäfte mit den Tritten die **Anschnürungspunkte** derselben zum Zwecke der Fachbildung an, indem für **Aufzug** oder **Hebung** des Schaftes ein V, für **Niederzug** Λ, für beides × eingeschrieben wird. Die vollständige Angabe der Verbindung der Schäfte mit den Tritten heißt **Schnürung.** Die Richtung, in der die Kettenfäden aneinandergereiht sind, also von links nach rechts, heißt **Richtung der Kettfolge,** die hiezu senkrechte, also von unten nach oben, die **Richtung der Schußfolge.** Die Verbindung eines Kettenfadens nennt man kurzweg **bindend** oder **Abbindung,** und die eines anderen mit abweichender Verbindung **ungleich** oder **andersbindend;** eine dritte mit gleicher Bindung **gleichbindend.** Nun gilt als Regel: **jeder andersbindende Kettenfaden gehört in einen neuen Schaft,**

jeder gleichbindende Kettenfaden in den schon dafür benützten. Die gewöhnlichen Bindungen verlangen ebensoviele Schäfte, als Kettenfäden im Rapporte enthalten sind. Die abgeleiteten Bindungen verlangen oftmals weniger Schäfte, als Kettenfäden im Rapporte vorkommen, weil in letzteren gleichartig bindende Fäden vorkommen. In gleicher Weise richtet sich die Zahl der Tritte nach jener der verschiedenartig abbindenden Schußfäden im Rapporte einer Bindung. Die Anwendung dieser Regeln veranschaulichen die Fig. 122 bis 124. Als **Grundbindungen** werden drei angenommen: die **Leinwandbindung**, Fig. 122, die **Köperbindung**, Fig. 123, und die **Atlasbindung**, Fig. 124. Bei der ersteren heben abwechselnd die Hälfte

Fig. 122.

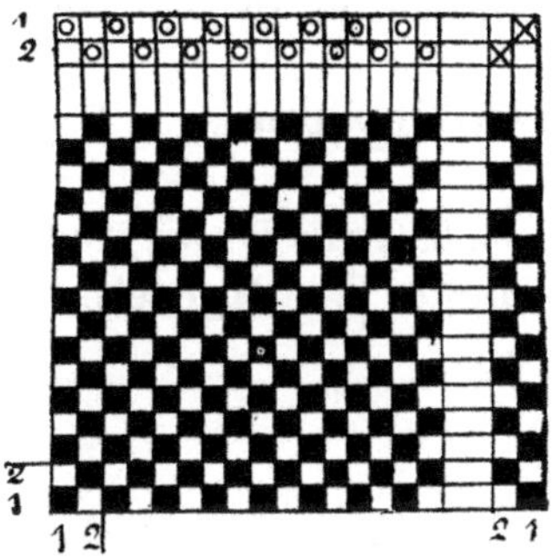

Fig. 123.

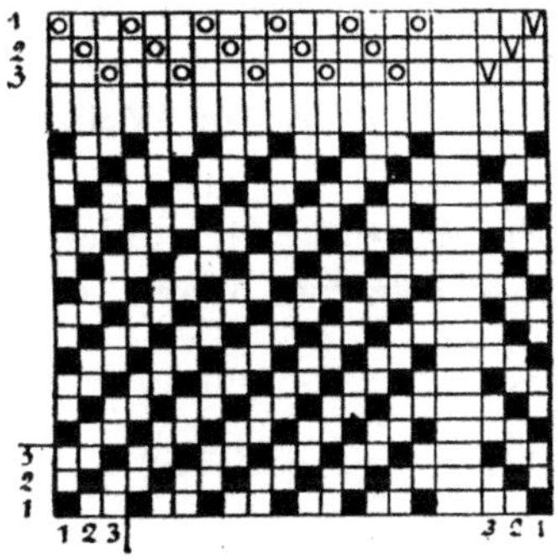

Fig. 124.

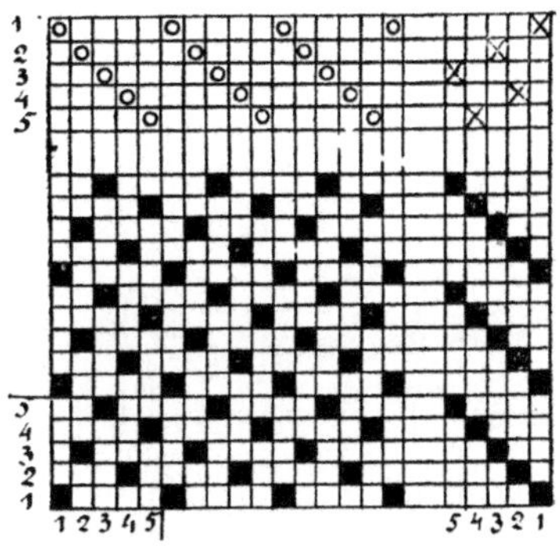

der Kettenfäden, welche in zwei Schäfte eingezogen und von zwei Tritten bewegt werden. Bei der zweiten hebt ein beliebiger Teil der Kettenfäden, aber in aufeinander folgender Steigung der Bindepunkte im Rapporte; endlich hebt bei der dritten Grundbindung gleichfalls nur ein Teil der Kette, jedoch derart, daß die Bindepunkte der aufeinander folgenden Schüsse nicht zusammenhängen. Aus diesen drei Arten der Grundbindungen lassen sich alle übrigen ableiten. Die Abbildung der Bindung im Kapitel Kartenschlagen (Seite 73) zeigt die Anwendung größerer Bindungen für eine kleinere Schaft und Trittzahl. **Denkt man sich in irgend einer Bindung einen Tritt getreten, so müssen alle jene Schäfte heben, deren eingezogene Fäden die Bindepunkte derselben Schußlinie ausheben.** Man hat also nur Schuß für Schuß durchzugehen, um die Anschnürung der Schäfte mit den Tritten zu bezeichnen, und umgekehrt läßt sich aus der Schnürung, der Tritt und Einzugsweise die Bindung herstellen oder zurückgewinnen. Die Lehre von der Gesetzmäßigkeit der Bindungen und deren Aufbau heißt **Bindungslehre** oder Komposition. Die Lehre von der Auseinandersetzung der Warenmuster zum Zwecke der Ausforschung, Nachbildung und technischen Untersuchung heißt die **Dekomposition.**

Das Heben und Senken der Schäfte kann nur mittels geeigneter Vorrichtungen, neuer Mechanismen und Apparate vollzogen werden, die man Vorrichtungen für die Fachbildung nennt.

2. Die Fachbildung.

Die Mechanismen für dieselbe sind in ihrer Ausführung, sowie in ihrem Prinzipe verschieden und richtet sich die Anwendung der einzelnen Vorrichtungen nach der Art des Gewebes, der Bindung und technischen Durchführung. Einfache Gewebearten wird man der Zweckmäßigkeit und Billigkeit halber auch mit den einfachsten Mitteln herstellen. Man unterscheidet:

a) Die Wellen- und Rollenvorrichtungen.

α) Die Welle.

Sie dient zur Herstellung zwei- bis vierschäftiger Waren und besteht aus einer hölzernen Walze, die an der sogenannten **Überlage** leicht drehbar

Fig. 125.

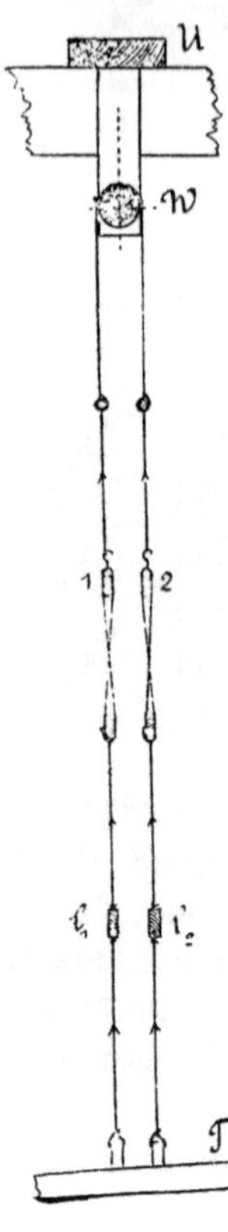

Fig. 126.

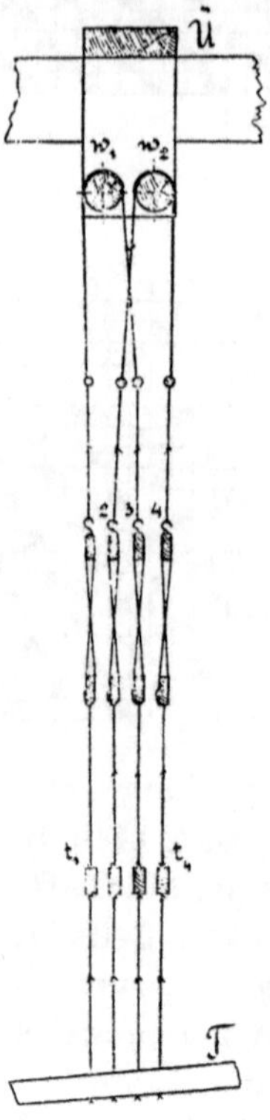

Fig. 127.

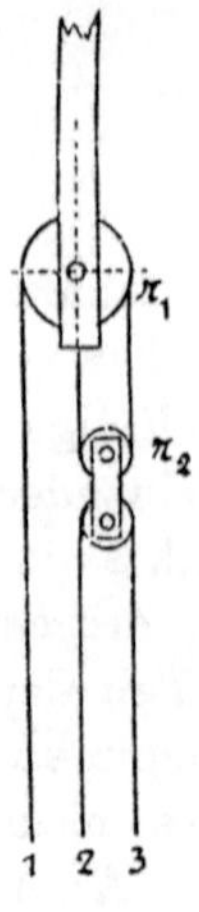

Fig. 128.

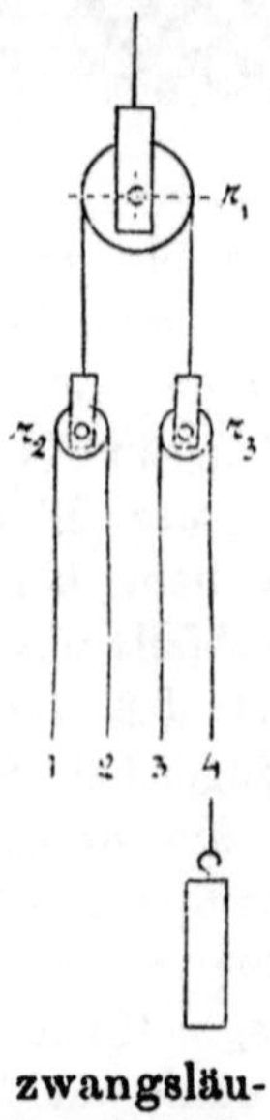

Fig. 129.

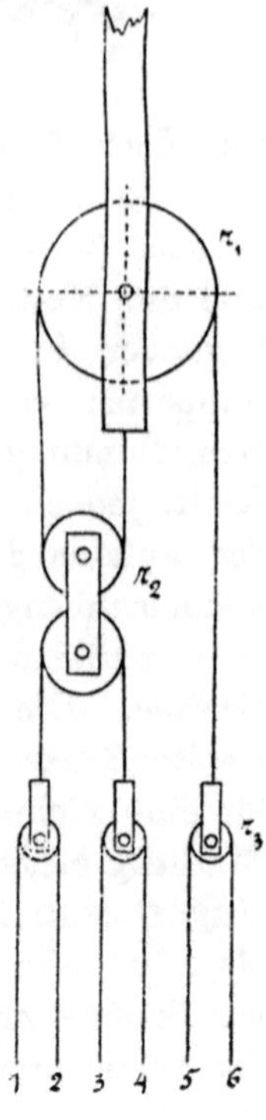

befestigt, eine zwangsläufige Bewegung der Schäfte zuläßt, indem die letzteren an Schnüren oder Gurten an der Welle festgehalten werden, Fig. 125. Eine weitere Anwendung findet sich in der Tuch- und Teppichweberei für vierbindigen Doppelköper, Fig. 126, bei der jeder Tritt an einen Schaft geschnürt ist, so daß stets zwei Tritte gleichzeitig getreten werden müssen, d. h. der Weber wechselt nur immer einen Tritt, während er am andern stehen bleibt. Um ein Schwanken der Schäfte zu vermeiden, bindet man dieselben an Querlatten oder Quertritte *l* oder *t* und schnürt diese erst an die Tritthebel.

β) Der Rollen- oder Klobenzug.

Er besteht aus einer Anzahl Rollen, die entweder fix oder beweglich im verstellbaren Rollenhalter an der Überlage hängen. Von besonderer

Fig. 130.

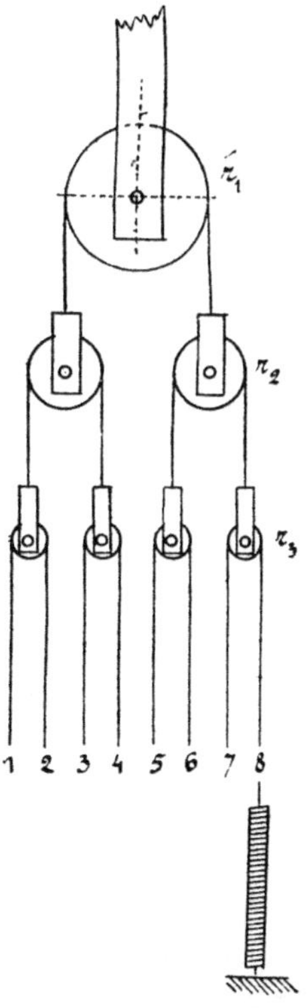

Fig. 131.

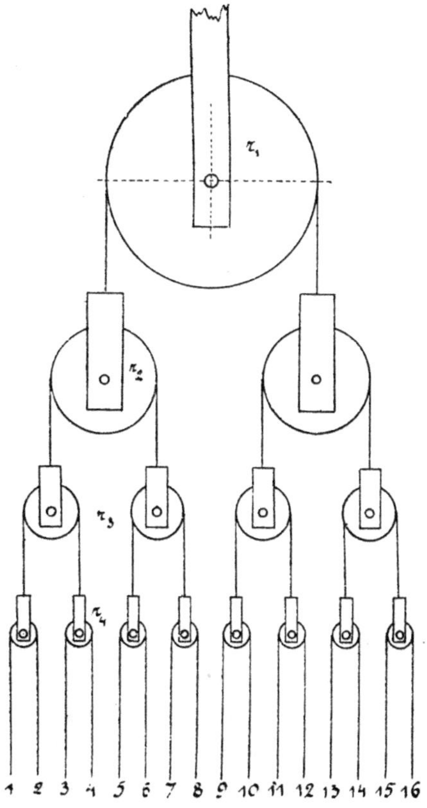

Wichtigkeit für die Konstruktion und Anwendung der Rollenzüge ist der gleiche Ausschlag aller Schäfte. Sie werden um so komplizierter, je größer die Zahl der Schäfte ist. Der Tritt zieht die daran geschnürten Schäfte tief, wobei die über die Rollen laufenden Schnüre die anderen Schäfte hochziehen. Der einfachste Rollenzug ist jener für drei Schäfte, Fig. 127, und für vierbindige Stoffe, Fig. 128. Wenn man an die Stelle des vierten Schaftes ein dem Schaftgewichte gleiches Gewicht oder einen Federzug gibt, so erhält man ohneweiters denselben für drei Schäfte. Nach Fig. 127 ist auch jener in Fig. 129 für volle sechs Schäfte oder analog Fig. 128 für fünf Schäfte einzurichten. Für sieben bis acht Schäfte, Fig. 130, verwendet man zwei vierbindige mit Zuhilfenahme einer größeren Rolle und für fünfzehn bis sechzehn Schäfte zwei achtbindige mit Anwendung einer noch größeren Rolle, Fig. 131. Alle derartigen Schaftzugvorrichtungen werden schräg zu der Richtung der Schäfte an der Überlage befestigt, damit die einzelnen Schäfte nicht zu viel Spielraum haben, weil sonst nach angeführten Gründen ein unreines Fach entstehen würde.

γ) der Hebelzug.

Statt der Rollen wendet man auch die billigeren Hebel an, wie in Fig. 132 ersichtlich. Einen größeren Spielraum jedoch gewähren in ihrer Anwendung:

δ) Die zusammengesetzten Rollen- und Hebelzüge,

und zwar: **Die Welle in ihrer Verbindung mit dem Hebel,** Fig. 133 bis 135. Die Vorrichtung, Fig. 133, dient in der Seidenweberei für Taffet-

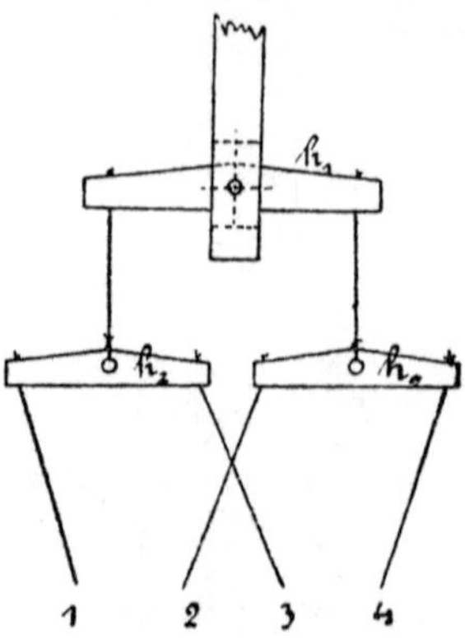

Fig. 132.

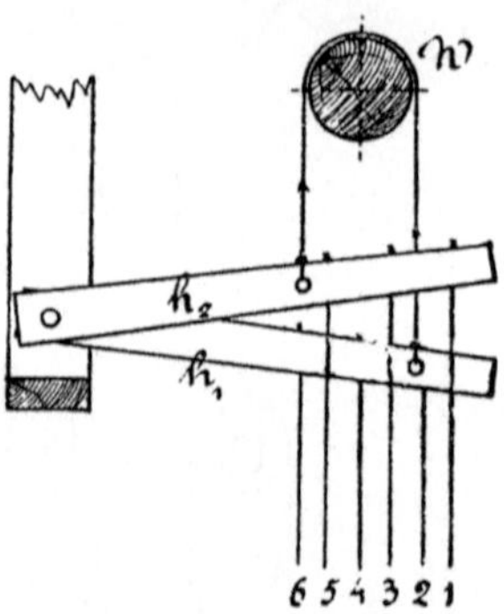

Fig. 133.

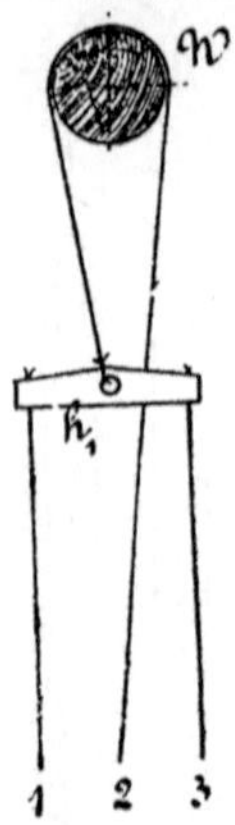

Fig. 134.

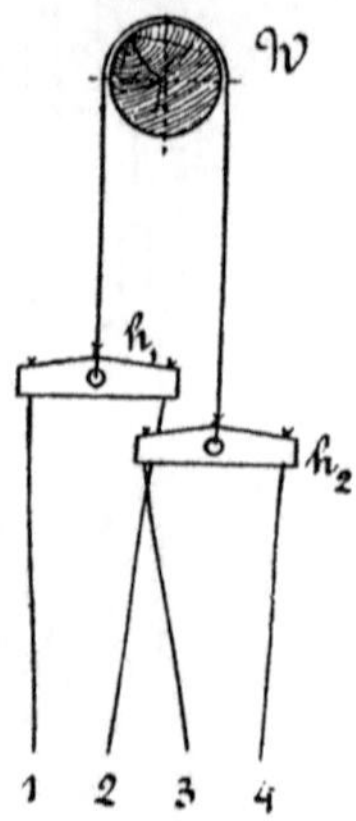

Fig. 135.

bindung, d. i. leinwandbindige Ware, deren Helfen auf sechs Schäfte verteilt sind. Die durch die Hebel h_1 und h_2 bedingte Schrägstellung der Schäfte erzeugt ein reines Fach. Fig. 134 dient für drei Schäfte, Fig. 135 für vier Schäfte.

Die Welle in ihrer Verbindung mit der Rolle, Fig. 135. Diese Zugvorrichtung wird fast nur für vier Schäfte benützt.

Die Rolle in ihrer Verbindung mit dem Hebel. Fig. 137 und 138 für fünf oder sechs Schäfte. Fig. 139 für drei, Fig. 140 für fünf oder sechs Schäfte und Fig. 141 für neun bis zehn Schäfte.

Gleichfalls für zehn Schäfte zeigt die Fig. 142 und endlich wendet

man für elf bis zwölf Schäfte den in Fig. 143 ersichtlichen Rollenzug an. Bei allen derartigen zusammengesetzten Hebel Rollenzügen steht der

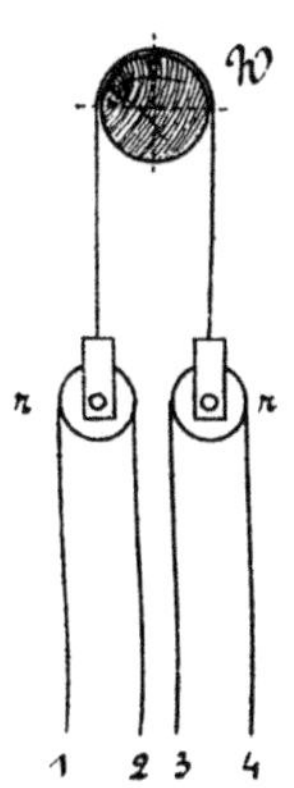

Fig. 136.

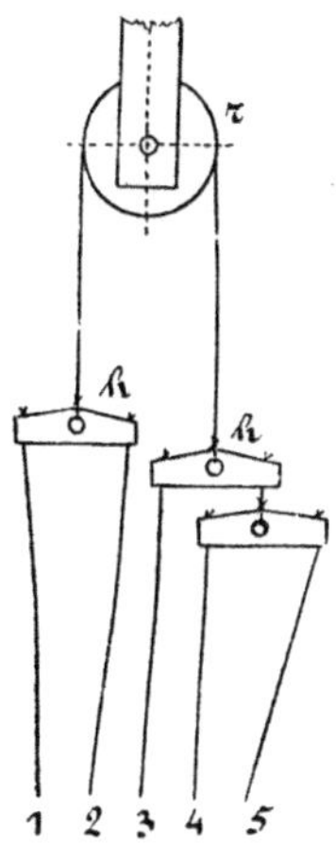

Fig. 137.

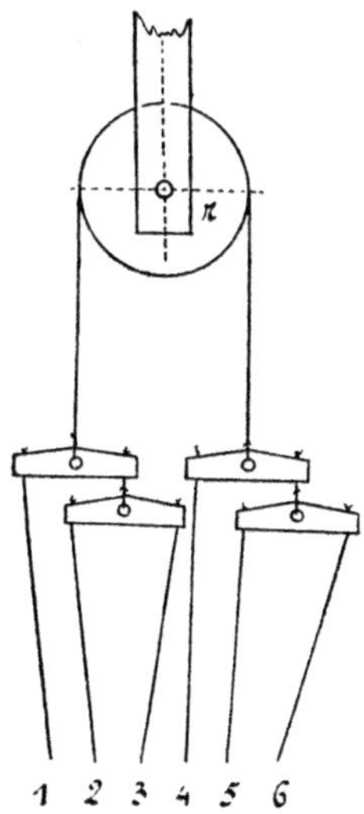

Fig. 138.

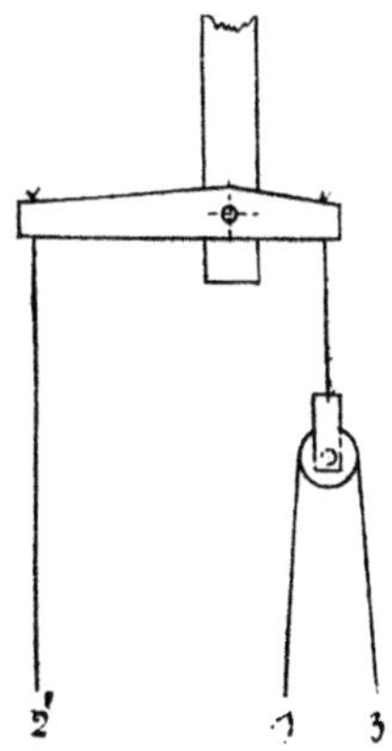

Fig. 139.

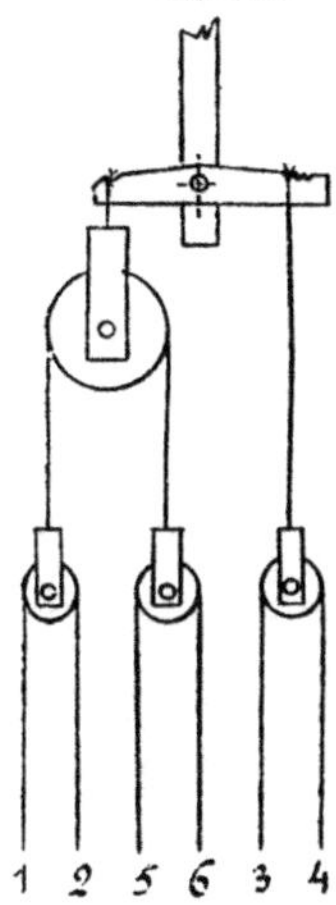

Fig. 140.

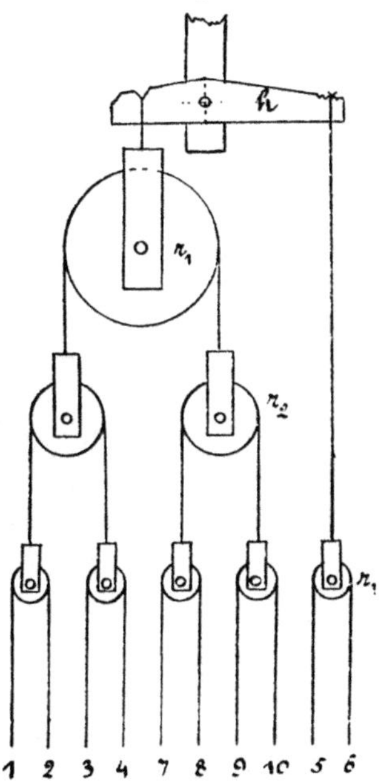

Fig. 141.

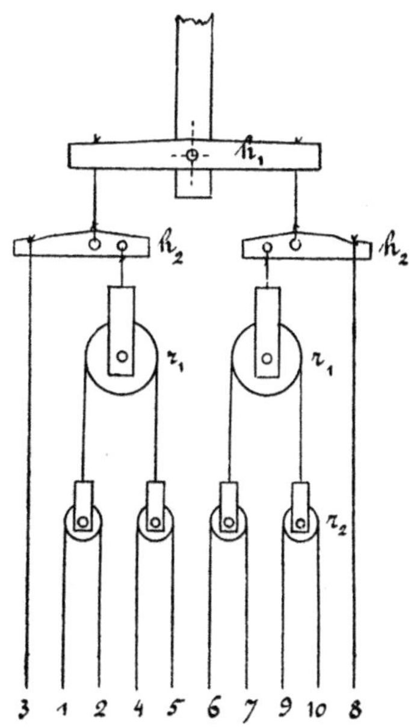

Fig. 142.

Hebel *h*, h_1, beziehungsweise h_2 senkrecht zur Zeichenebene, d. h. parallel mit den Schäften, was in der Anschreibung der Schaftzahlen erkennbar ist; nur in Fig. 142 ist der Hebel h_1 in der angedeuteten Lage zu denken.

Als Bolzen für die Drehpunkte der Rollen und Hebel sind kurze Glasstäbe der leichten Beweglichkeit halber zu benützen.

Fig. 143.

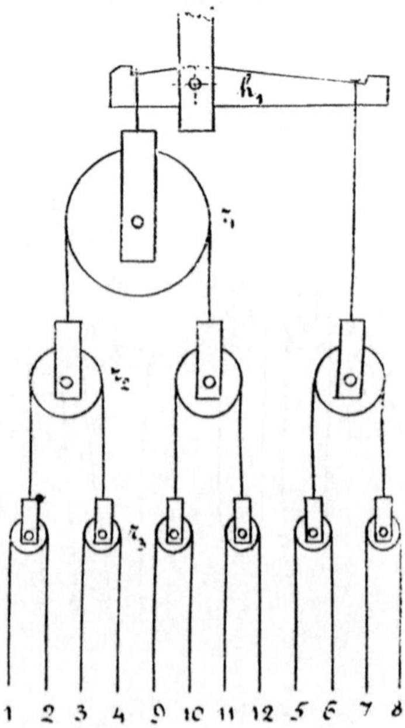

b) Die Hebel-Gegenzugvorrichtungen.

Sie bieten durch ihre Verbindungsweise mit den Schäften den besonderen Vorteil einer leichten Arbeitsweise. Nach der Art des Aushubes der Schäfte unterscheidet man vier Konstruktionen.

α) Gegenzug für Hochfach.

Fig. 144.

Derselbe hat den Zweck, die Schäfte nur hochzuziehen und paßt für Gewebe mit

Fig. 144.

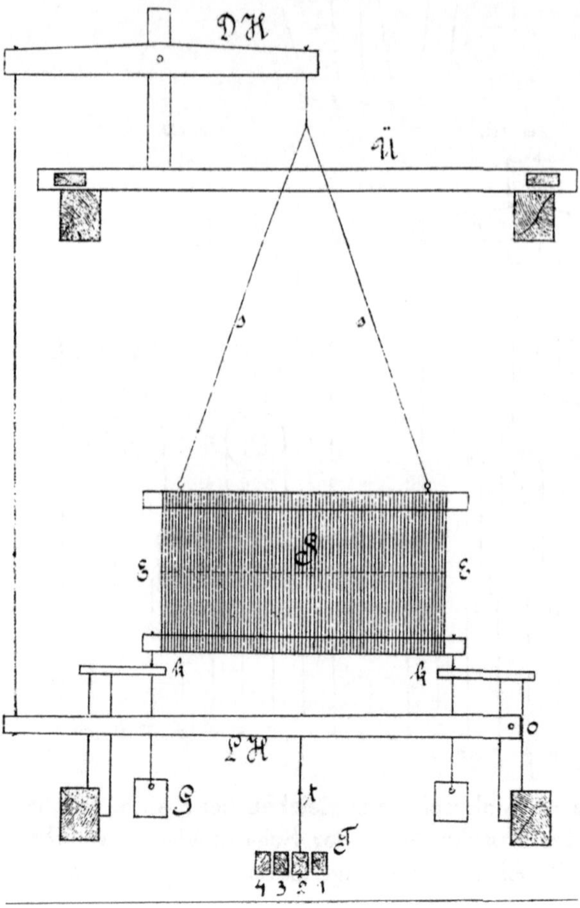

Bindungen, in welchen die Mehrzahl der Schäfte gesenkt bleibt. Er besteht aus dem **langen Hebel** *LH*, welcher links oder rechts vom Stuhle in einem besonderen Gestelle seinen Drehpunkt *o* hat. Das freie Ende dieses Hebels steht durch eine Schnur mit dem **doppelarmigen Hebel** *DH* auf der Überlage in Verbindung; am anderen Ende dieses zweiarmigen Hebels hängt an Schaftschnüren *s* der Schaft, und zwar derart, daß, wenn man den langen Hebel mit einem Tritt, zum Bei-

Fig. 145.

spiel T_2, verbindet und derselbe getreten wird, der betreffende Schaft S ins Oberfach sich bewegt. Die Spannung der Kettenfäden ist nicht immer imstande, den Schaft nach der Hebung in die ursprüngliche Gleichgewichtslage zu bringen; er wird deshalb mit Gewichten beschwert, welche ihn so weit niederziehen, als die an den Gewichtsschnüren angebrachten Knoten k gestatten, bis sie beim Loslassen des Trittes, beziehungsweise Einfallen des Schaftes sich auf das Brettchen aufsetzen und den Stoß des Schaftes mildern. Bisweilen läßt man die inneren Arme der oberen Hebel auf eine Latte auffallen. Die Zahl der Hebelverbindungen hängt von der Zahl der Schäfte ab, weil für jeden einzelnen Schaft eine derartige Verbindung vorhanden sein muß. Das Anschnüren der Tritte an die unteren Hebel erfolgt mit dem in Fig. 145 ersichtlichen lösbaren Knoten.

Fig. 146.

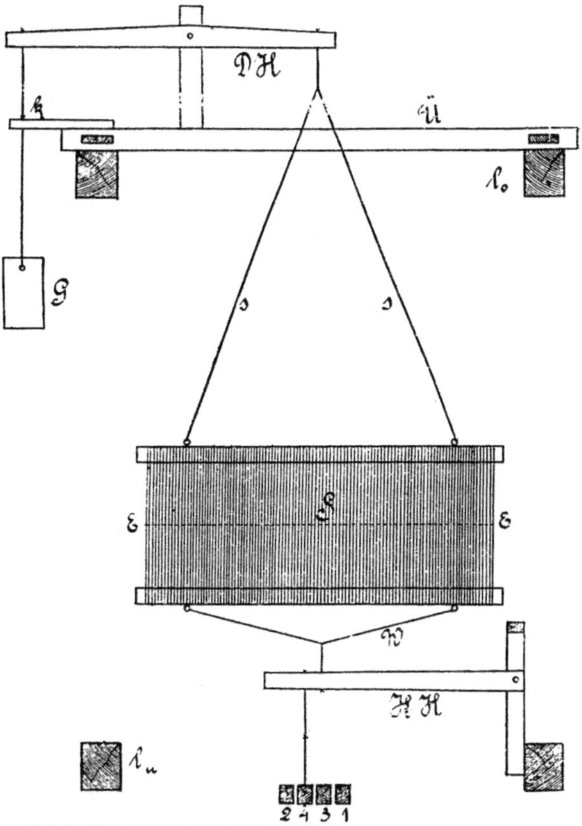

β) **Gegenzug für Tieffach.**

Fig. 146.

Diese Hebelvorrichtung dient nur zum Tiefziehen der Schäfte. Sie kommt dort zur Anwendung, wo die Kette schon im Oberfache steht oder wo die Mehrzahl der Schäfte gehoben werden sollte. Die Verbindungsweise der Schäfte mit den Hebeln ist sehr einfach. Die Schaftschnüre s sind an das obere Ende des zweiarmigen Hebels DH gebunden. Das andere Ende erhält die Gewichtsbelastung G, so daß der Schaft stets in seiner Ruhe auch nach aufwärts gezogen wird; damit jedoch derselbe aus der Ebene der Kette nicht heraustritt, begrenzen wieder Knoten k in der Gewichtsschnur den Hub des Schaftes nach aufwärts. Hie und da ist die Gewichtsbelastung durch einen ein-

Fig. 147.

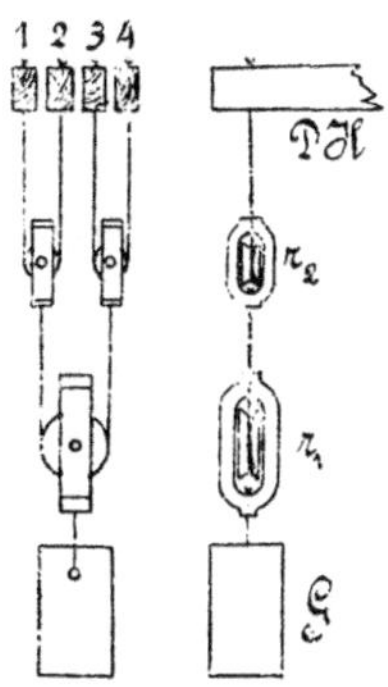

fachen Rollenzug, Fig. 147, mit gemeinschaftlichen Gewichte ersetzt. Das Anschnüren der Tritte kann direkt an die Schäfte erfolgen. Man tut jedoch gut, wenn man die **kurzen Hebel** *KH* einschaltet zur Vermeidung einer unvorteilhaften Schaftschwankung.

γ) Der Gegenzug für Hoch- und Tieffach.
Fig. 148 bis 151.

Derselbe ist der gebräuchlichste. Er stellt das Hoch- und Tieffach her, ist eine Zusammenstellung der beiden vorhergehenden und besteht aus den unteren kurzen und langen Hebeln und aus dem oberen doppelarmigen Hebel *DH*. Die langen Hebel bewirken das Hochziehen, wie in Fig. 144, die kurzen das Tiefziehen wie in Fig. 146. Das Gleichstellen der Schäfte wird von einem Gewichtshebel *h*, der quer über die langen Hebel liegt, auf die einfachste Art vollzogen. Beim Anschnüren der Tritte sind die mit ∧ oder × bezeichneten Stellen eines Trittes an die langen und die leergelassenen Quadrate an die kurzen Hebel zu schnüren. Für schmale Stoffe genügt die Vorrichtung wie in Fig. 148, da nicht zu befürchten ist, daß sich die Schäfte schräg stellen. Wenn jedoch die Ware breiter wird, so ist es immerhin möglich, daß die Spannungen der Kettenfäden verschieden auftreten, mithin ein Schiefstellen oder Schwanken des Schaftes eintreten kann. Um dies zu vermeiden, bringt man zwischen den oberen Hebeln und den Schäften **Zwischenhebel** h_1 an, Fig. 149. Wird das Gewebe noch breiter, so hat auch die letzte Vorrichtung einen Nachteil, indem die unteren langen Hebel zu lang würden, und die oberen zwischengeschalteten Hebel eine Schwankung der Schäfte nicht genügend hindern können. Um dem auszuweichen, benützt man Fig. 150. Es ist gleichfalls ein Gegenzug für Hoch- und Tieffach, nur besteht er aus den unteren kurzen Hebeln h_1 und h_2, und aus den oberen doppelarmigen Hebeln *DH*. Fig. 151 ist ein Gegenzug für Hoch- und Tieffach, doch für außerordentlich breite Waren, z. B. 4 *m* Warenbreite. Das Hebel-

Fig. 148.

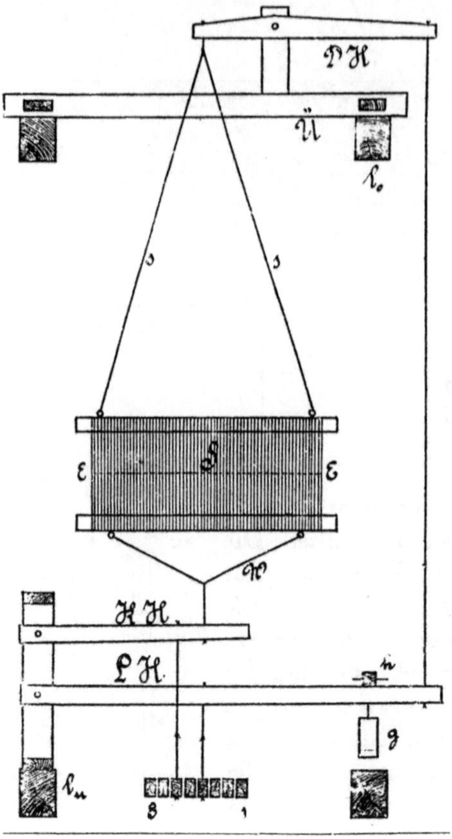

gestell ist in der Mitte oder geteilt angeordnet und im übrigen sind zwei gewöhnliche Gegenzüge nebeneinandergestellt. Zum Arbeiten auf solchen

Fig. 149.

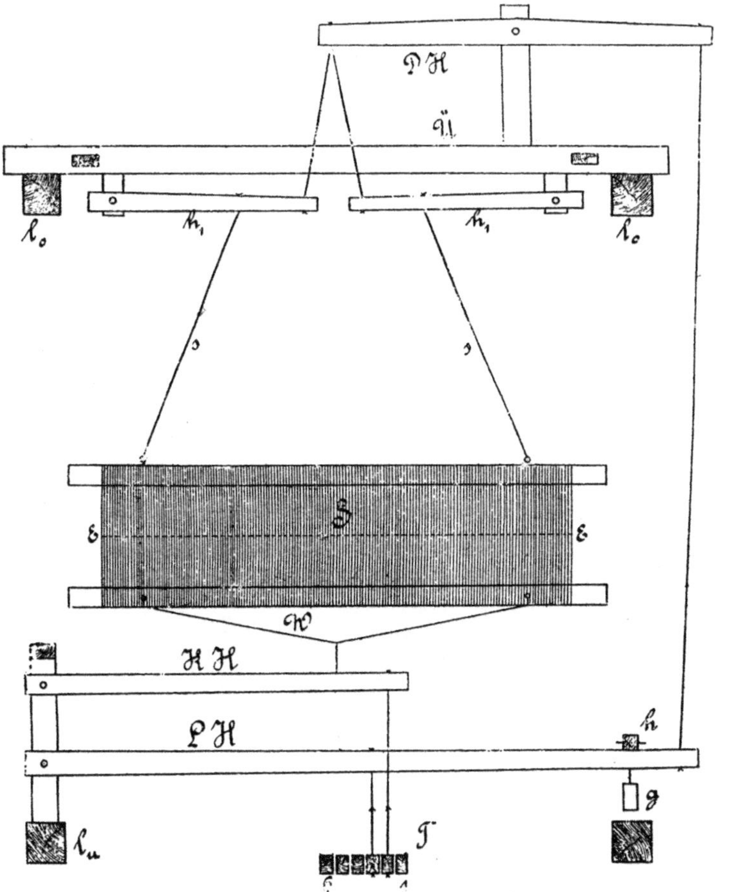

außerordentlich breiten Stühlen sind zwei Arbeiter erforderlich, die gleichzeitig die Tritte und Lade und abwechselnd die Schützen bewegen.

δ) Der Gegenzug für Hoch-, Tief- und Stehfach.

Fig. 152 bis 154.

Für gewisse Waren, wie z. B. für Leinen- oder Baumwolldamaste, erfordert es die Bindung, daß nur stets ein Schaft hoch geht und nur einer tief, während die übrigen in der Ruhelage verbleiben. Man verwendet dazu den Gegenzug für Hoch-, Tief- und Stehschäfte, der vielfach aus dem gewöhnlichen Gegenzuge für Hoch- und Tieffach besteht. In der Schnürungszeichnung müssen die hoch und tief zu ziehenden Schäfte angeschnürt werden. Es wird dann stets ein Tritt mit nur einem langen und einem kurzen Hebel verschieden bewegter Schäfte verbunden. Die übrigen Schnürungsstellen bleiben leer. Eine andere, für achtbindigen Köper und Atlas vorteilhafte Vorrichtung ist der in Fig. 152 gezeichnete **Rollen-Gegenzug.** Ein Tiefziehen des einen Schaftes bewirkt zu gleicher Zeit ein Hochziehen des der Bindung entsprechenden anderen Schaftes. Jeder Schaft wird durch einen Knoten *k* in der Gewichtsschnur in einer bestimmten

Fig. 150.

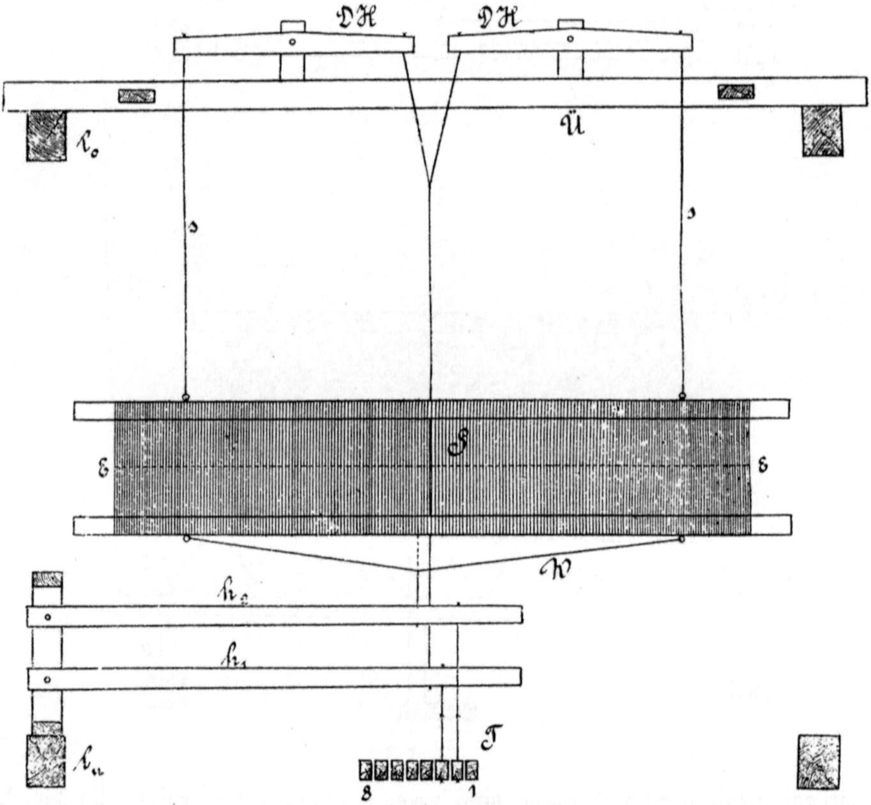

Mittellage erhalten. Nehmen wir acht Schäfte an, so sind die ersten vier der Reihe nach mit den letzten vier Schäften, also der erste mit dem fünften, der zweite mit dem sechsten, der dritte mit dem siebenten, der vierte mit dem achten durch Schnüre gegenseitig verbunden, die über die Rollen im Rollengehäuse *R* laufen. Geschnürt wird nur das Tiefziehen des Schaftes. Die Schnürungszeichnung ist daher der achtbindige Atlas. Zur weiteren Vereinfachung der Vorrichtung wendet man Hebel statt der Rollen an, z. B. wieder Vorderwerk bei damastartigen Geweben, Fig. 153. Die Stehschäfte werden durch das Gewicht *G* gehalten, welches an einer Schnur hängt. Diese

Schnur geht durch den oberen Schaftstab, unter welchem in genügendem Spielraume der Knoten *k* geschlungen ist. Das Kästchen *K*, Fig. 154,

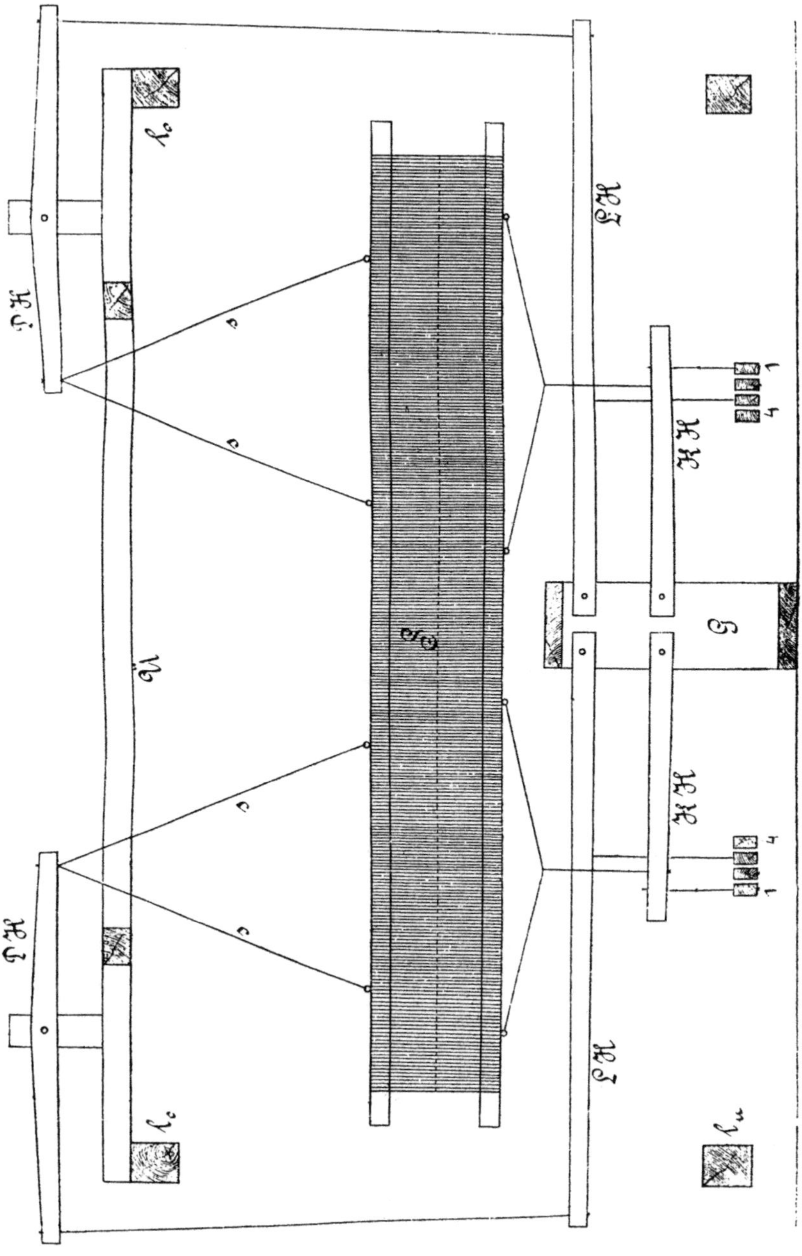

Fig. 154.

ein Rahmen, enthält sieben zweiarmige Hebel *h*, die sich ebenso wie der Rahmen auf den Stab *s* auflegen. Wird z. B. der erste Schaft niedergetreten,

so hebt sich gleichzeitig der achte Schaft, vom Knoten *k* gehoben. Der achtbindige Atlas stellt zugleich die Schnürungszeichnung vor, weil durch

Fig. 152.

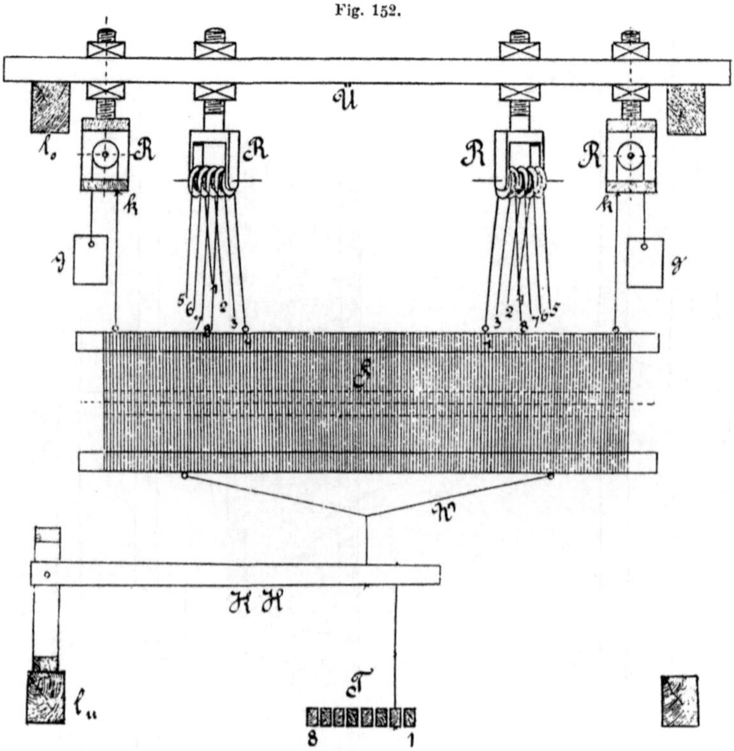

die entsprechende Schnurverbindung der Hebel *h* mit den Schäften der erforderliche Schaft hochgezogen wird.

c) Die Schaftmaschinen.

Bei den bisher besprochenen Vorrichtungen zur Fachbildung war nur eine bestimmte Anzahl Tritte zulässig, um das Weben noch als rationell zu betrachten. Ferner konnte die Trittfolge nicht übermäßig groß gemacht werden. In gleicher Weise war die Anzahl der Schäfte beschränkt, da infolge der stärkeren Ausführung der Hebel dieselben viel Raum einnehmen; diese Übelstände wurden durch die Erfindung der Schaftmaschine beseitigt, weil die Zahl der Schäfte vermehrt und der Schußrapport unbegrenzt gemacht werden konnte. — Die wichtigsten Mechanismen eines derartigen Apparates sind folgende:

1. Ein kantiges Holz- oder Eisenstäbchen *P*, Fig. 155, welches, an dem oberen Ende nasenförmig gearbeitet, auf einem Brette aufsteht und **Platine** heißt.

2. Ein auf- und niederschwingendes Lineal *M*, welches die Platinen an den Nasen erfassen kann, um dieselben hoch zu ziehen; nachdem dasselbe messerartig geformt ist, nennt man es **Messer.**

3. Eine Vorrichtung, welche zuläßt, daß die Platine, an welcher der Schaft *S* mittels Schaftschnüren *s* hängt, beliebig bewegt, d. h. über das Messer gedrückt werden kann. Der wichtigste Teil dieser Vorrichtung heißt **Prisma.**

Fig. 152.

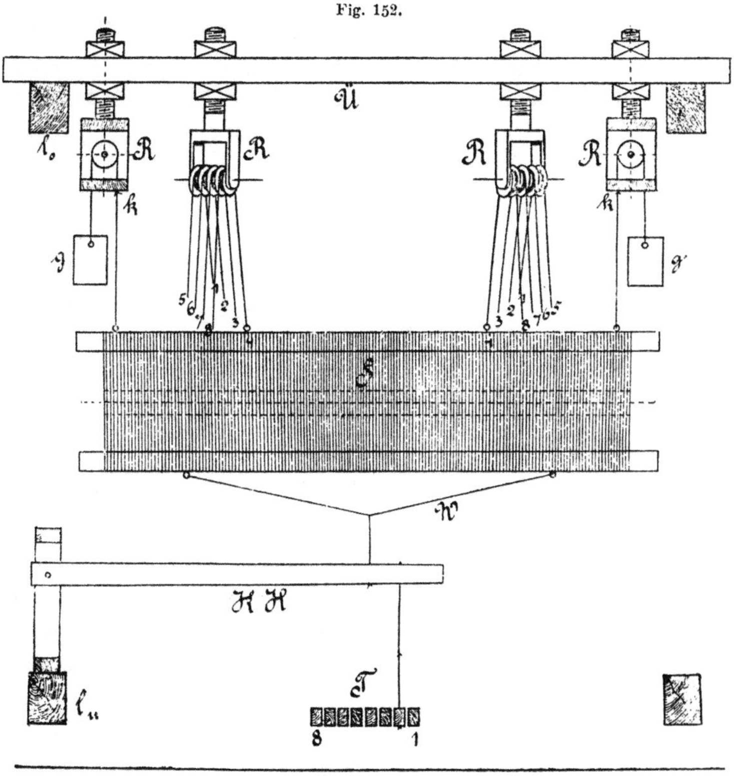

4. Ein **Fußtritt** *T*, der den ganzen Mechanismus in Tätigkeit setzt.

Solcher unter 1) bezeichneten Platinen sind für jeden Schaft eine vorhanden, beziehungsweise notwendig; sie stehen hintereinander, entweder so, daß deren Nasen in der Ruhelage vom Messer abstehen, oder derart, daß sämtliche Nasen über der Messerkante liegen. Drückt man nach 3) durch Daumen gewisse Platinen, deren Schäfte heben sollen, über das Messer, so werden dieselben und die daran hängenden Schäfte beim Hochgehen des Messers mitgenommen und das Fach bilden. Die Daumen oder Holzpfröpfchen stecken in Reihen am Umfange eines Zylinders, der ruckweise sich um einen bestimmten Winkel dreht und wechselnd Platinen für einen andern Schuß einstellt. Die Bewegung aller Teile erfolgt mit Hilfe des Fuß- oder **Maschinentrittes** *T*, einer **Zugschnur** *Z* und dem **Maschinhebel** *H*, der wieder das Messer bewegt, welches mit Hilfe von Klinken den Zylinder gleichzeitig dreht. Das Einstellen, beziehungsweise Einfallen des Apparates wird durch Loslassen des Fußtrittes bewirkt, indem das Gewicht der

Fig. 154.

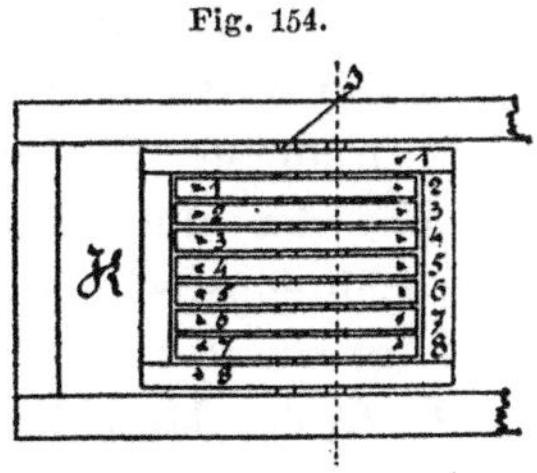

beschwerten Schäfte nach abwärts zieht. Diese verschiedenen Teile enthält jede derartige Vorrichtung, welche **Schaftmaschine** genannt wird, nur ist die Konstruktion derselben verschieden und man unterscheidet nach dem Zwecke der Maschinen:

1. Die Schaftmaschine für Hochfach.

Dieselbe ist in ihrer einfachsten Bauart in Fig. 156 ersichtlich. Die prismatischen Holzplatinen *P*, 16 bis 36 an Zahl, stehen mit ihrem unteren Ende *a* so mit einer abgestumpften Spitze am **Platinboden** *PB* auf, daß der Gewichtszug die Nase *b*, falls die Verstärkung *c* keinen Widerstand findet, vom Messer absteht. Gegen seitliche Verschiebung sind die Platinen durch einen feststehenden Rost *d* gehindert, dessen Stäbe in b_1 und b_2 liegen. Das Brett *B* schützt die Platinen vor einer eventuellen zu weiten Rechtsstellung der **Platinköpfe,** indem sich die Fußenden der Platinen an das Brett legen. Das Messer *M*, im **Messerkasten** *MK*, einem bankartigen Gestelle, horizontal oder nach rückwärts aufsteigend, befestigt, erfaßt beim Hochgehen des letzteren die etwa darüber stehenden Nasen der Platinen, zieht diese hoch und die daran gehängten Schäfte ins Oberfach nach (Fig. 116 oder 117). Die hinterste Platine ist stets die erste, die vorderste die letzte. Das Heben des Messerkastens besorgt der nur im Querschnitte *H* ersichtliche Maschinenhebel mittels **Zugeisen** *Z*. Die Führung in vertikaler Richtung erfolgt durch Feder und Nut *MKF* im vorderen und rückwärtigen Gestellteile *G* der Maschine, die auf dem **Maschinenbocke** oder der **Trage,** bzw der **Überlage,** befestigt wird.

Fig. 155.

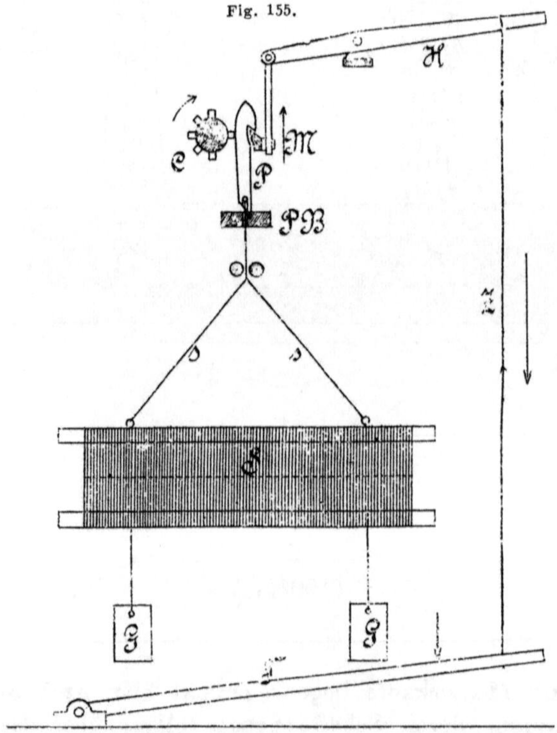

An Stelle des Zylinders tritt hier ein vierkantiges **Prisma,** *PR*, das mit Längsnuten versehen ist und sich mittels Zapfen in der sogenannten **Prismalade** *L* drehen läßt. Die Lade ist an zwei vorspringenden Teilen *g* des Gestelles um die Achse *s* schwingend angeordnet. Diese Bewegung erfolgt in der Regel nach links mit Hilfe einer **Kulisse** *C*, in der sich die **Preßrolle** *r* vertikal nach aufwärts bewegt, da diese mit dem Messerkasten fest verbunden ist. Gleichzeitig wirkt ein am vorderen Gestellteile außen

Fig. 156.

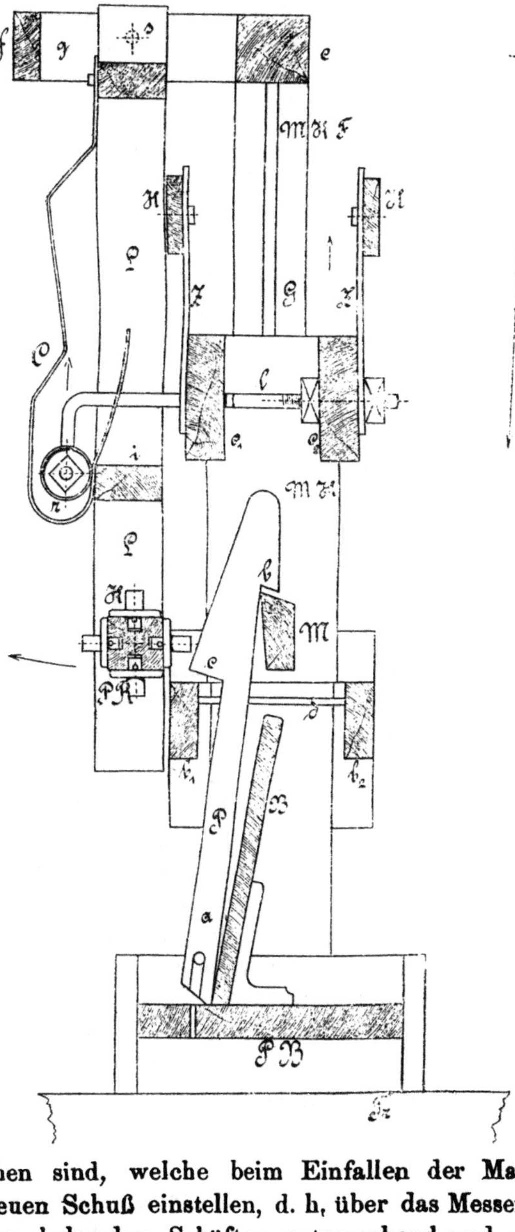

Fig. 157.

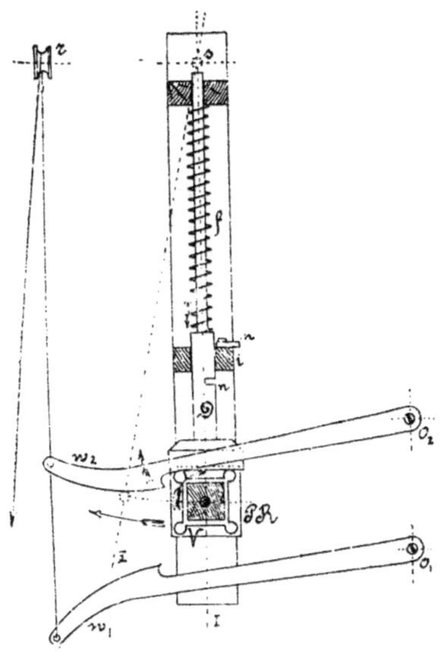

angebrachter **Wendehaken** w_2, Fig. 157, zurückhaltend auf einen exzentrisch befestigten Zapfen des Prismas derart ein, daß sich dasselbe um die eigene Achse dreht und eine Vierteldrehung macht, worauf ein mit Spiralfeder *f* gespannter **Drücker** *D* den durch vier Zapfen gebildeten **Vierkant** des Prismas, die **Laterne,** festhält, bzw. denselben an einer größeren Bewegung als 90° hindert. Die Seiten des Prismas dienen nun zum Einstellen der **Karten,** die in diesem Falle Holzbrettchen mit eingesteckten Holzpfröpfchen sind, welche beim Einfallen der Maschine die Platinen für einen neuen Schuß einstellen, d. h, über das Messer drücken. Um die Holzknöpfe den hebenden Schäften entsprechend und verläßlich festzustecken, ist es gut, den dünnen Bolzen zu durchbohren, damit ein gemeinschaftlicher Draht sämtliche als Vorstecker festhält. Es vermeidet dies Störungen, die durch das Herausfallen der Knöpfe verursacht werden. Das Prisma besitzt ferner an seinen Seitenflächen je zwei hervorstehende Zapfen, sogenannte **Warzen**, welche die Aufgabe haben, die darüber einzustellende Karte ins Mittel zu stellen und festzuhalten, um sie in gehöriger Lage auf die Platinen einwirken zu lassen. Es wird daher das Prisma hier nur nach der Längsrichtung durch Schrauben *s* gestellt, weil ein Höher- oder Tieferstehen der Platinengröße bei *c* wegen entfallen kann. Anstatt der Holzkarten, die zu sehr der Abnützung unterliegen, treten bisweilen Blechkarten. Die einzelnen Karten, abhängig vom Schußrapporte, werden untereinander mit Schnüren zu einer endlosen Kartenkette vereinigt. In Fig. 156 sind nur vier Karten angewendet. Für die Rückwärtsbewegung der Karten greift infolge eines Zuges an einer Schnur ein zweiter verkehrt und entgegengestellter Wendehaken w_1, Fig. 157, in den Vierkant ein. Die nach dem zweiten Prinzipe gebauten Schaftmaschinen, Fig. 158, erhalten den indirekten Druck der Platinen durch zwischengeschaltete **Nadeln** *N*; dieselben umgreifen die Platinen, deren Nasen nun in der Ruhelage über dem Messer stehen, und sind an dem einen Ende im **Nadelbrette** *NB*, aus dem sie zirka 12 *mm* hervorragen, an dem anderen Ende im **Federkasten** *FK* horizontal lose gelagert. Auf dem letzteren Ende sind **Spiralfederchen** geschoben, die sich einerseits an eine Verdickung der Nadel, anderseits an den Holzteil des Federkastens stützen und auf diese Art die Platinen stets an das Messer andrücken.

Fig. 158.

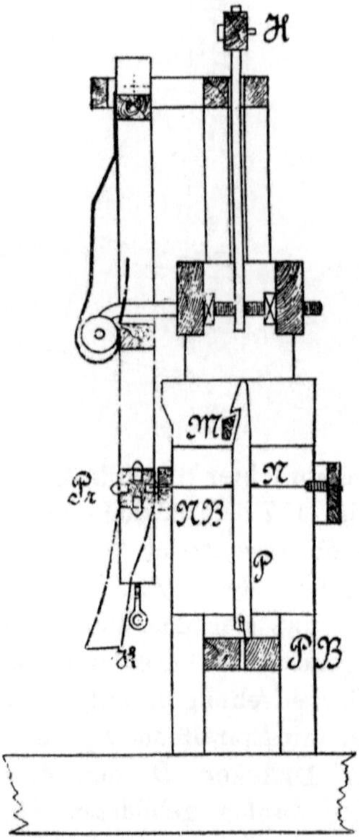

Drückt man nun die vorderen Spitzen der Nadeln mittels geeigneter Karten zurück, so bleiben die Platinen gesenkt. Das Prisma besitzt deshalb in diesem Falle mit den Nadeln übereinstimmende Bohrungen, die am einfachsten durch **Papierkarten** verdeckt werden können, so daß die Löcher der hebenden Platinen auch in die Karte gelocht werden müssen. Hiefür dient das der Verwendung der Karten vorausgehende

α) Kartenschlagen.

Die Karten werden dem Muster, d. h. der Bindung, entsprechend auf besonderen Durchschlagvorrichtungen gelocht. Die gelochte Stelle entspricht im allgemeinen dem zu hebenden Schafte, bzw. der Platine.

Für jeden Schuß muß eine besondere Karte vorhanden sein, welche alle jene Platinen einstellt, deren Schäfte für den betreffenden Schuß heben. Um die Bindungszeichnung, welche in den meisten Fällen gleichbindende Kettenfäden enthält, wie z. B. a), Fig. 159, für die praktische Verwendung

Fig. 159.

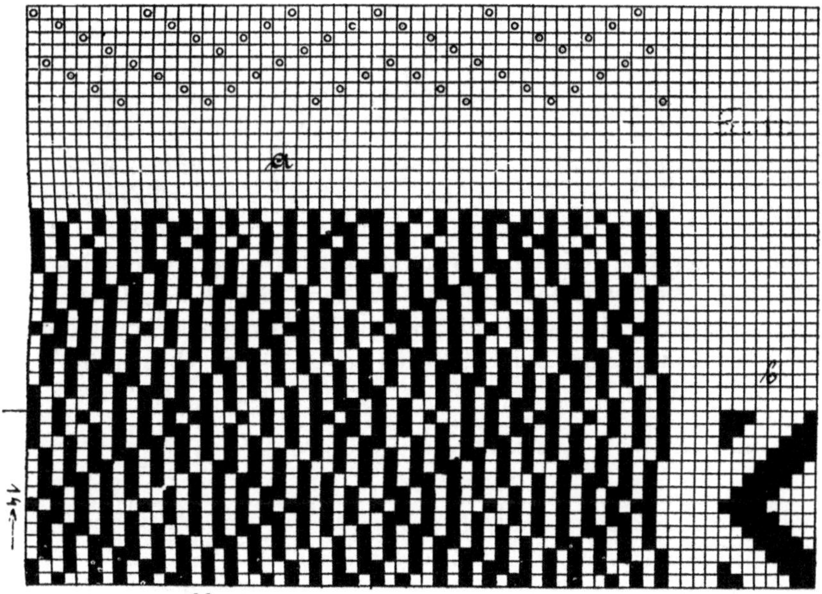

tauglich zu machen, muß man ebenso wie bei der Schnürungszeichnung, die hier *entfällt*, eine **Schlagpatrone** *b* aus der Bindung herauszeichnen. Man beginnt mit dem ersten Kettenfaden des ersten Schaftes und setzt stets den ersten Kettenfaden jedes folgenden Schaftes der Reihe nach daran, so daß die Bindungsweise der Schäfte von links nach rechts, entsprechend dem Einzuge von hinten nach vorn, gezeichnet wird. Man nennt diese neue Zeichnung die **Schlagpatrone**, Fig. 159, b) weil auf Grundlage dieser das Muster in die Karten gelocht, bzw. geschlagen wird. Die Karten sind also ein Zwischenglied der theoretischen Zeichnung zur mechanisch praktischen Durchführung des Webens. Holzkarten erhalten an den ungelochten Stellen eingesteckte Holzpfropfen.

Fig. 160.

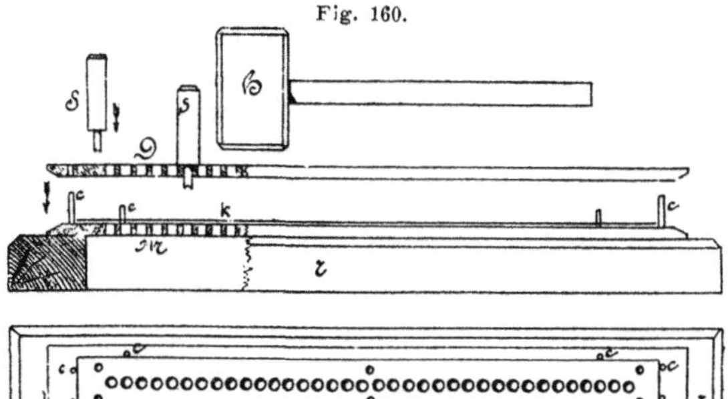

Papierkarten werden auf einer besonderen Schlagvorrichtung gelocht. Hiezu dient die **Schlagplatte,** Fig. 160. Der untere Teil derselben heißt die **Matrize** *M*, auf welche die Pappkarte *k* gelegt wird; darauf liegt der **Deckel** *D* und zum Durchhauen, Lochen, dient das **Durchschlageisen** *S* oder der **Stempel.**

Fig. 161.

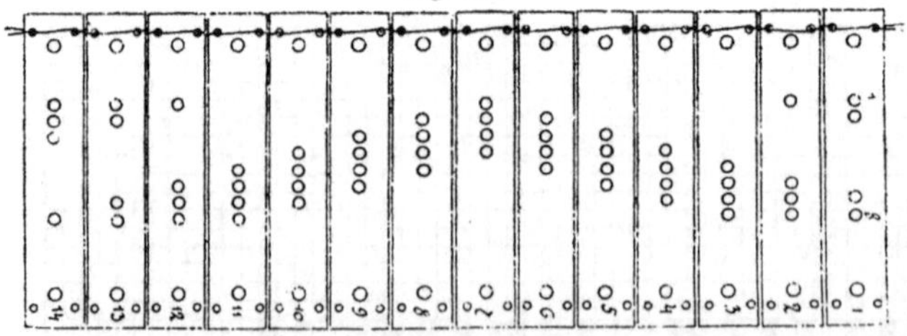

Matrize und Deckel haben den Nadeln der Schaftmaschine entsprechende Bohrungen, die sich vermittels **Dübel** *c* genau decken. Die Teilung der Schaftmaschinen, d. i. die Entfernung der Nadelmitten, beträgt 10 oder 15 *mm*. Man schlägt vorerst die Warzen und Bindelöcher, teilt sich dann die Schlagplatte nach dem Stande der Schäfte ein, wobei die eventuell unbenützten Stellen überhaupt leer bleiben und beginnt nun für jeden Schuß die gehobenen Punkte einer

Fig. 162.

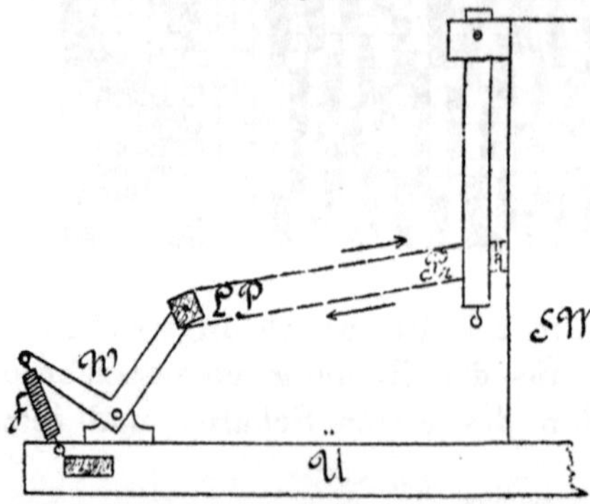

Fig. 163.

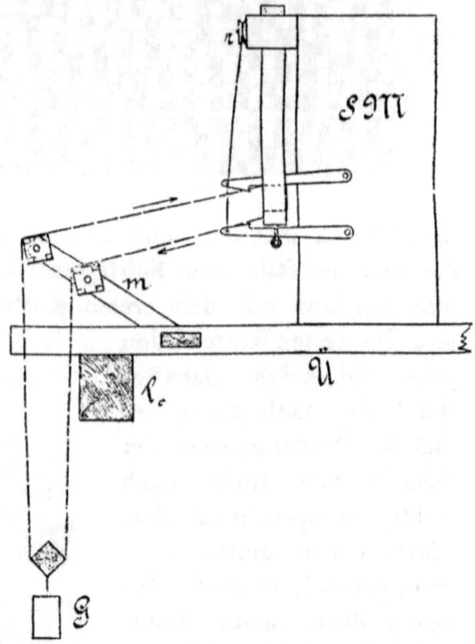

Karte durchzuschlagen. Das Ablösen erfolgt vom untersten ersten Schusse in der Schlagpatrone nach aufwärts. Jede fertige Karte bekommt auf der Seite der Wendehaken ihre fortlaufende Nummer, welche dann von rechts nach links der Nummernfolge nach, entgegen ihrem Laufe an der Maschine, auf einen Tisch gelegt, Fig. 161, und durch Schnüre unverschiebbar aneinandergebunden, schließlich zu einer endlosen Kartenkette vereinigt werden, welche, wenn sie ziemlich lang ist, zur geordneten Bewegung während der Arbeit als Unterstützung den

β) Kartenlauf

bekommt. Nach der Zahl der Karten wird derselbe verschieden angewendet.

Fig. 162 zeigt einen solchen für eine geringe Zahl, bei welchem das Anlegen der Karten durch den Federzug *f* mit dem **Leitprisma** *LP* hervorgerufen wird, während in Fig. 163 die Karten durch ein eingelegtes Leitprisma einfach beschwert erscheinen und in Fig. 164 durch Eisenschienen unterstützt werden. Der letztere dient für mehrere hundert Blatt und heißt Kartenkorb.

γ) Die Verbindung des Schaftes mit den Platinen.

Gewöhnlich hängt der Schaft, Fig. 155, an zwei Schaftschnüren, die sich an der Platinschnur vereinigen, während er durch Gewichte in Form von Holzbrettchen oder Gußeisenplatten einfach beschwert wird. Im letzteren Falle führen sich die Gewichtsschnüre in separaten Brettchen. Um bei etwas breiteren Schäften das Schwanken zu vermeiden, bringt man entweder in Haltern nach Art derjenigen von Schnürbrettern in der Jacquardweberei zur senkrechten Hebung Rollen an, über welche die Schaftschnüre laufen, oder man schaltet, wie in Fig. 149, Zwischenhebel h_1 ein. Als dritte Art der Belastung kann der Federzug allein oder in Verbindung mit den einarmigen Hebeln benützt werden, Fig. 165. Will man den Raum unterhalb der Schäfte frei haben, so daß z. B. die Ware nach rückwärts geführt werden kann, dann wählt man die Anordnung nach Fig. 166.

Fig. 164.

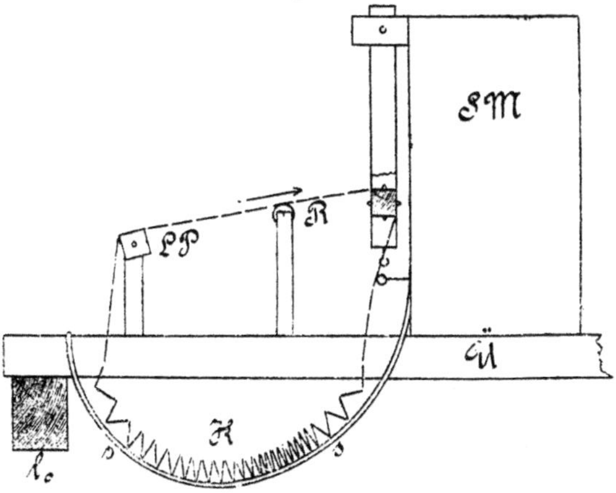

Fig. 165.

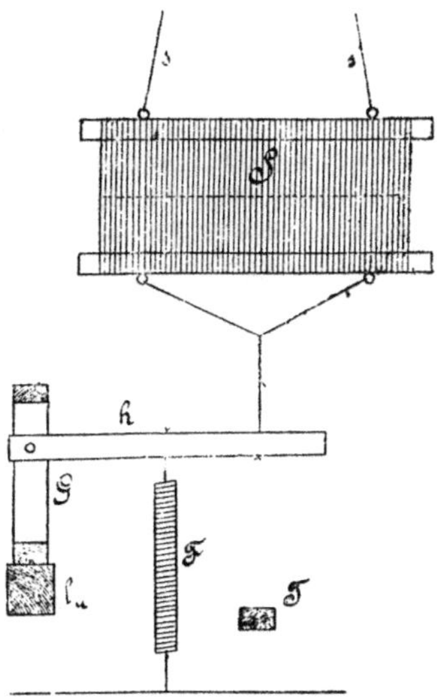

2. Die Schaftmaschine für Tieffach.

Sie dient demselben Zwecke, wie der Gegenzug für Tieffach. Man kann jede Schaftmaschine für Hochfach hiefür benützen und dieselbe ohne Änderung ihrer Konstruktion in eine **Niederzugmaschine** umbauen, indem man die Zugvorrichtung der Schäfte anders anordnet, z. B. nach Fig. 167. Die Federn *F* ziehen den Schaft wieder zurück.

Fig. 166.

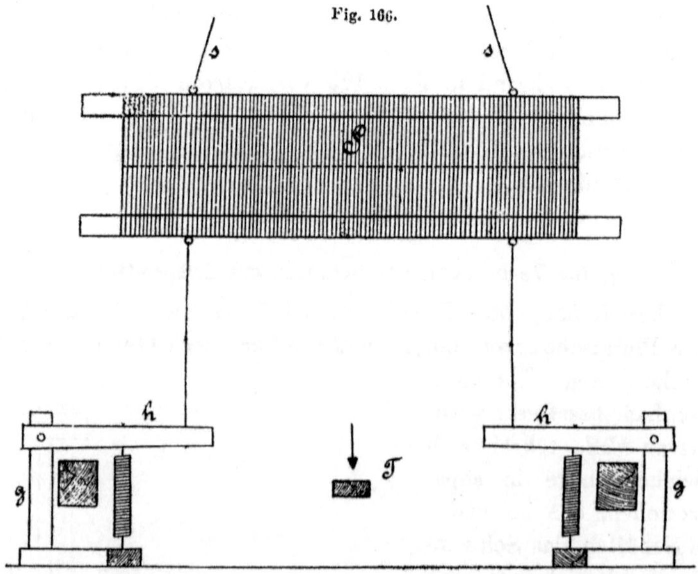

Fig. 167.

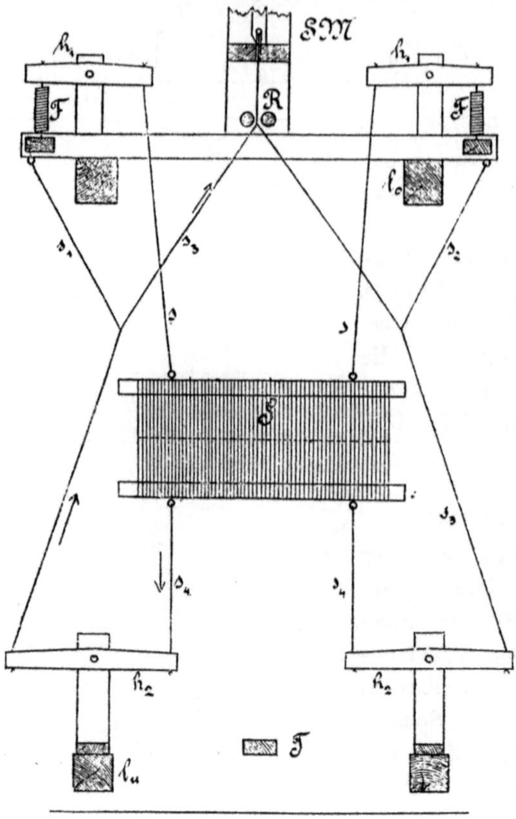

3. Die Schaftmaschine für Hoch- und Tieffach.

Auch diese Maschine erhält im allgemeinen für schwach gespannte Ketten keine wesentlichen Umänderungen, wenn man bedenkt, daß die liegenbleibenden Platinen nur gesenkt zu werden brauchen; man erreicht dies am einfachsten durch gleichzeitiges Senken des Platinenbodens *PB*, Fig. 168. Von der Zugstange Z_1 wird die Bewegung auf den Hebel H_2, der um o_2 drehbar ist und vermittels der Zugstange Z_2 auf den Platinboden übertragen, der um o_3 nach abwärts sich senkt. Das Niederziehen der Schäfte erfolgt hier durch bloßen Gewichtszug. Bei schweren Waren verlangt man aber, daß das Hoch- und Tiefziehen der Schäfte zwangsläufig vorsichgehe, also bei Ketten

mit starker Spannung. Die hierzu verwendete Maschine nennt man Schaftmaschine für zwangsläufige Hoch- und Tieffachbewegungen oder häufiger **Auf- und Niederzugmaschine,** welche in Fig. 169 und im Prinzipe Fig. 170 ersichtlich ist.

Fig. 168.

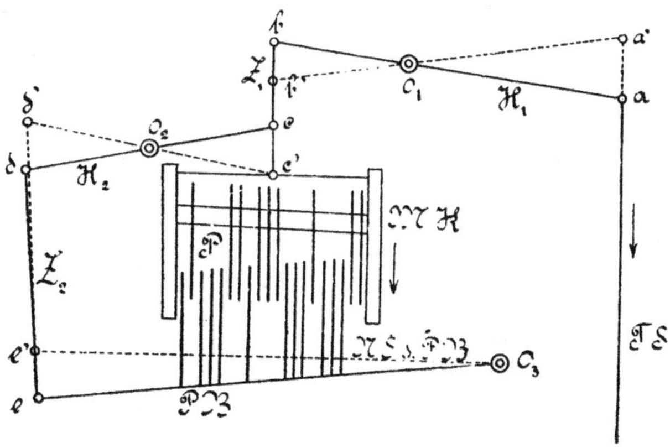

Sie sind zumeist für Schrägfach eingerichtet und es ziehen die Platinen der sich abwärts bewegenden Schäfte gleichfalls nach aufwärts. Zu diesem Zwecke ist die doppelte Platinenzahl notwendig, da der Schaft einerseits mit einer Hochfachplatine und anderseits mit einer Tieffachplatine verbunden sein muß. Jede Nadel umfaßt daher zwei Platinen, von denen z. B. die Hochfachplatine in der geschlossenen Stellung über dem zweikantigen Messer liegt Ein Loch in der Karte wird also Hebung und die ungelochte Stelle zwangsläufigen Niederzug bedeuten. Es ist auch hier

Fig. 169.

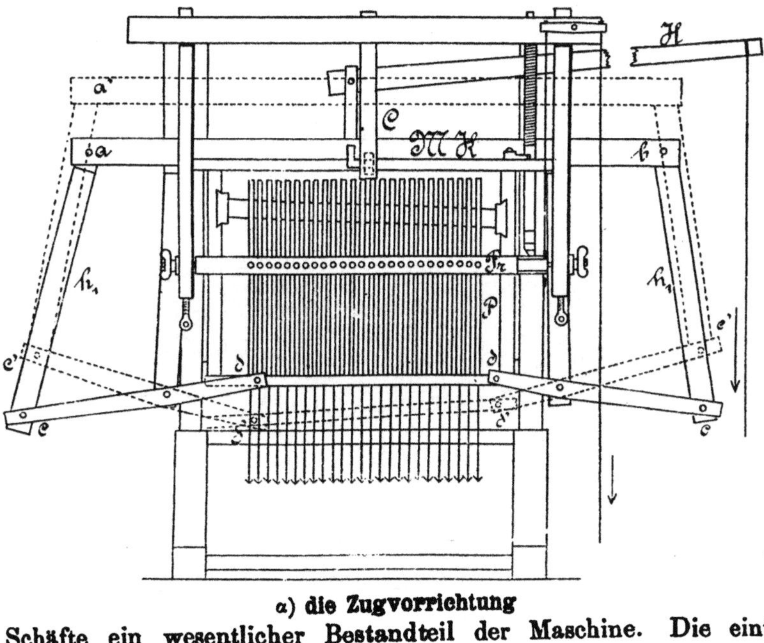

a) **die Zugvorrichtung**

der Schäfte ein wesentlicher Bestandteil der Maschine. Die einfachste derartige Verbindung zeigt Fig. 171. Die Platine *PH* ist direkt mit dem

Fig. 170.

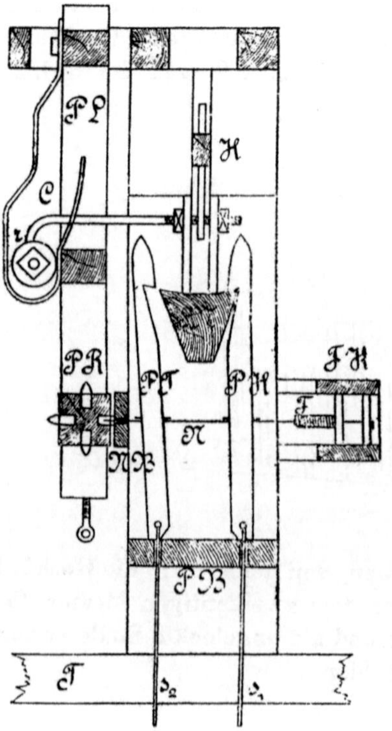

Fig. 171.

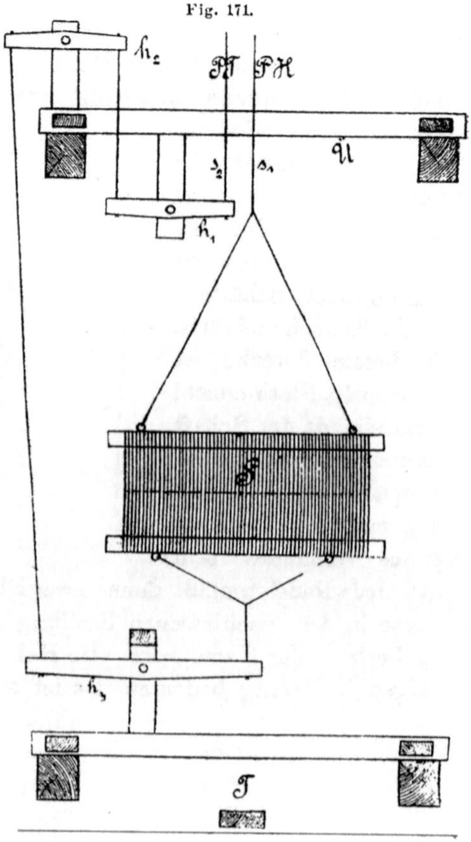

Fig. 172.

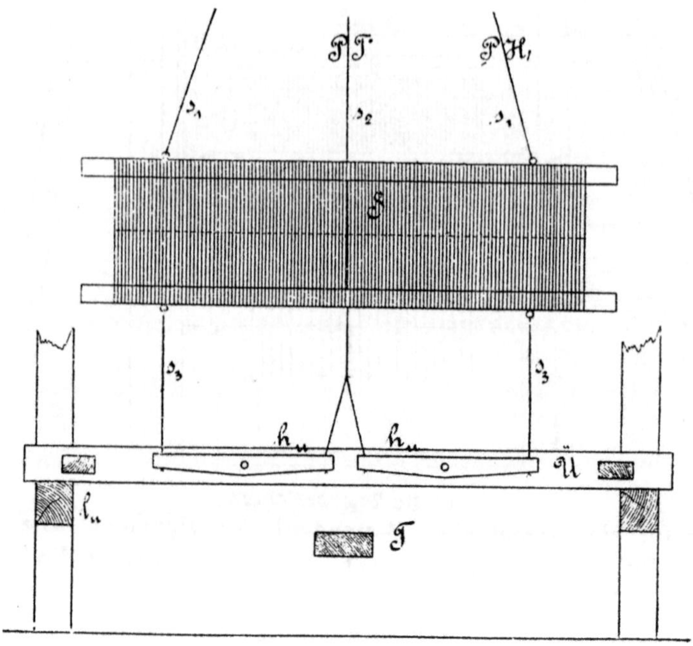

oberen Schaftstabe in Verbindung, während die Platine *PT* immer durch die Schnur s_2 und Zwischenhebel h_1, h_2 und h_3 mit dem unteren Schaftstabe in Verbindung gebracht ist.

Ein Ziehen dieser letzteren Platine *PT* senkt den Schaft. Für Ketten, welche die Reibung der Schnur s_2 an den nebenliegenden Fäden vertragen, bringt man die Zugvorrichtung, Fig. 172, an, deren untere Hebel *hu* mit s_2 und den Schäften verbunden sind. Bei Waren, welche unterhalb der Schäfte nach rückwärts zum Warenbaume laufen, wendet man die in Fig. 173 ersichtliche Zugvorrichtung an. Die in derselben Figur ersichtliche Schaftmaschine besitzt zwei eiserne Drahtplatinen, die im geteilten Messer stehen. Für Buckskinstoffe endlich steht eine Maschine in Anwendung, deren Messer direkt durch eine hölzerne Schubstange *D*, Fig. 174, gehoben wird. Hierbei ist der Tritt *T* in dem Punkte *O* unterstützt.

Fig. 173.

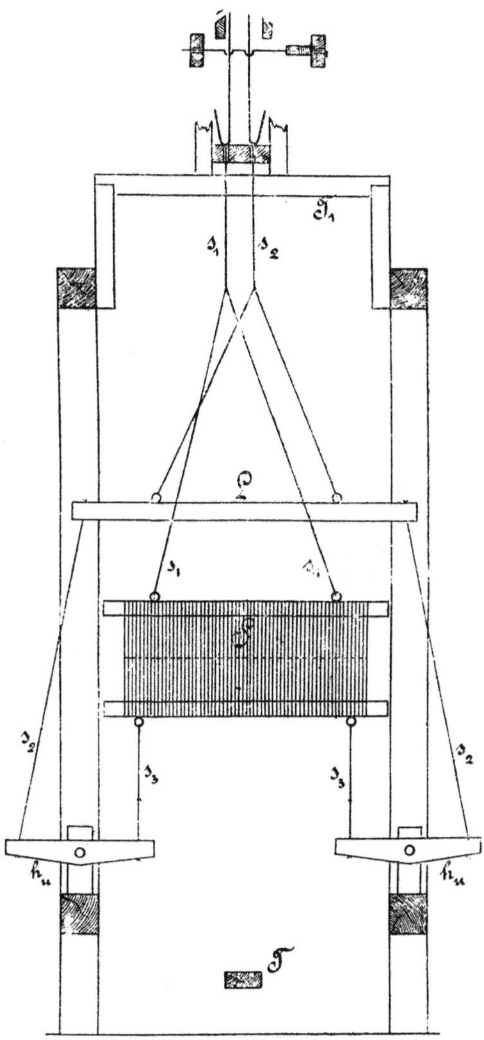

PB ist der Platinboden, drehbar in O_3; *M* das Messer, drehbar in O_2. Der Maschinhebel *h* bewegt durch Hubstangen h_b und h_m den Platinboden und das Messer entsprechend dem Auf- und Niederzuge für reines Schrägfach. Das Gewicht auf *h* bringt die Maschine zum richtigen Fachschluß.

β) Das verstellbare Nadelbrett.

Die Größe der Prismaseite bestimmt zugleich jene der Karte und ist deshalb notwendig, damit das Wenden des Prismas und das Fortrücken der Kartenblätter präzis vonstatten gehe.

Man kann jedoch, ohne die Haltbarkeit der Karten zu beeinträchtigen, in dieselben in einer zweiten oder dritten Lochreihe ein anderes Muster einschlagen. Das Prisma besitzt mithin mehrere Lochreihen. Das Nadelbrett muß daher, um das Prisma nicht zu verstellen, selbst einstellbar angebracht werden können. Es ist zu diesem Zwecke mit einer im unteren Teile der Maschine gelagerten Welle durch Drähte verbunden, so zwar, daß die Welle mittels einer geeigneten Stellvorrichtung und der Schnüre *s* etwas nach links und rechts gedreht werden kann und in dieser Lage fest steht.

Fig. 174.

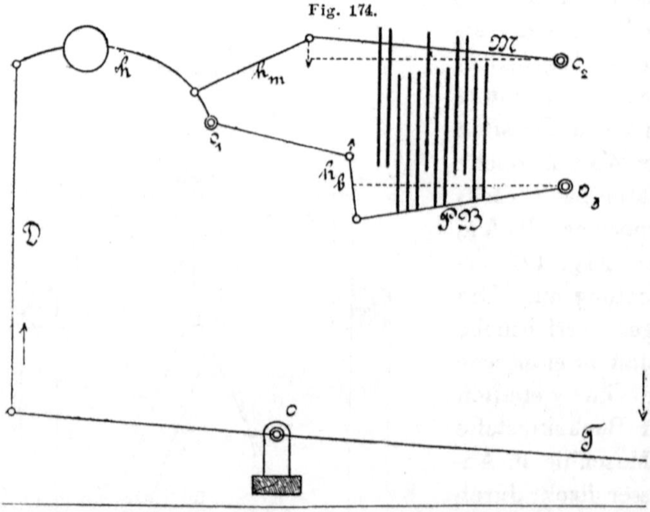

Durch das Einklinken des Sperrhakens *k*, Fig. 175, in die Vertiefungen *m* des mit der Welle verbundenen Hebels *h* wird durch die Drähte die Nadelreihe höher oder tiefer gestellt. Man erreicht auf diese Weise zweierlei: einmal kann die Karte für mehrere Muster benützt werden, das anderemal können an geeigneter Stelle im Gewebe Querborten mit anderer Bindung gewebt werden, also abgepaßte Tücher, z. B. Kopftücher, hergestellt werden. Eine andere Vorrichtung zum Verstellen des Nadelbrettes zeigt Fig. 176. Das Nadelbrett ruht auf einem verschiebbaren Brettchen

Fig. 175.

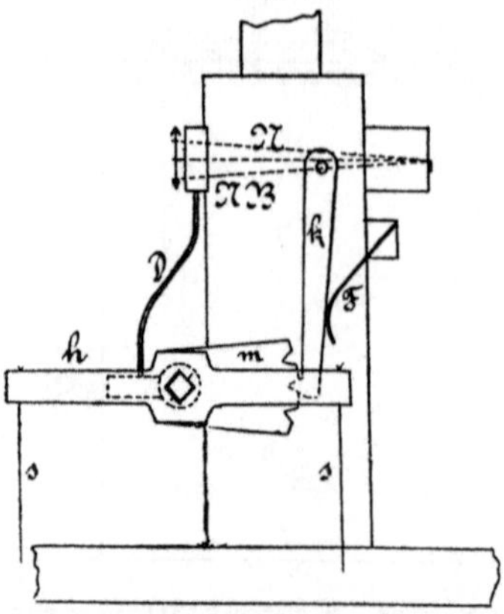

Fig. 176.

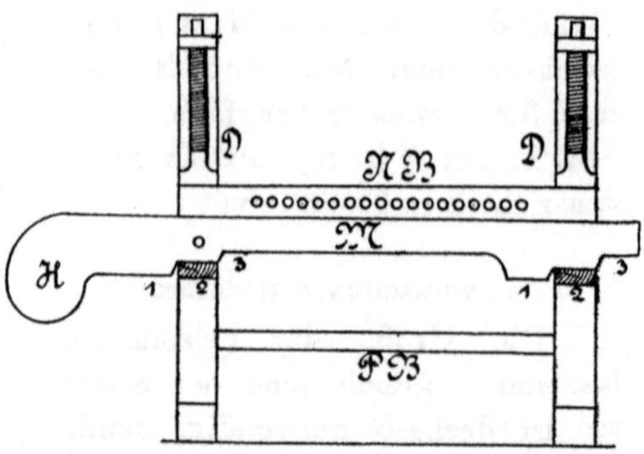

M und wird durch die Drücker *D* an dieses gepreßt. Wenn mit der Handhabe *H* die Unterlage *M* verschoben wird, so stützen sich die Ruhepunkte 1, 2 und 3 auf Querleisten, wobei das Nadelbrett gehoben oder gesenkt wird.

Fig. 177 zeigt eine Schaftmaschine, welche, wenn der Raum über dem Webstuhle bis zur Stubendecke zu niedrig ist, unter dem Webstuhle aufgestellt wird. Bei dieser dient der Tritt *Tr* als niedergehendes Messer. Die beiden Platinen *Ph* und *Pl* hängen mit den Köpfen nach abwärts, indem sie sich gegen den Platinboden *PB* stützen. Letzterer hebt sich

Fig. 177.

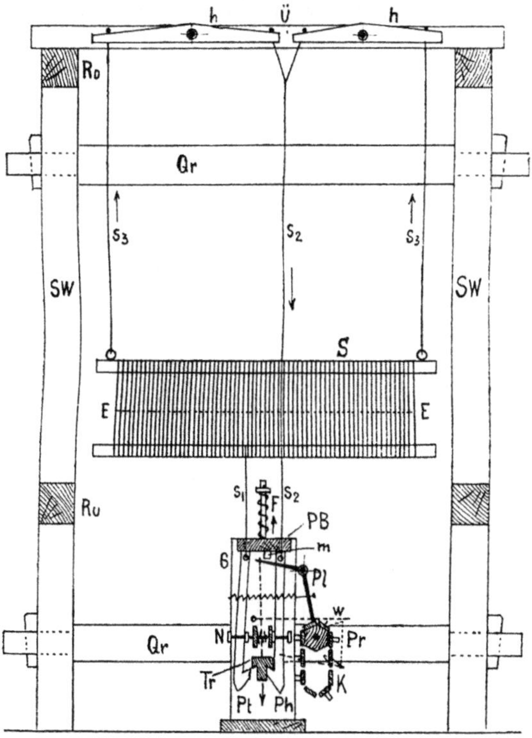

Fig. 178.

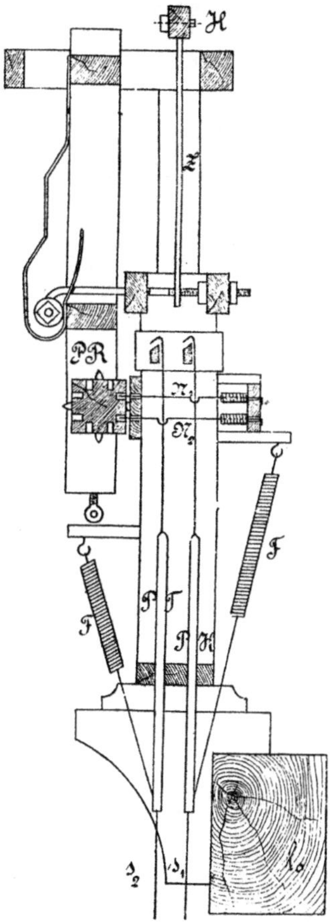

durch Vermittlung eines Hebels bei *m*, wenn *Tr* tief geht. Das Prisma *Pr* schwingt mit Hilfe der Winkellade *Pl* nach rechts und drückt in der geschlossenen Stellung mit Stiftkarten *K* an die je zwei Platinen umfassende Nadel *N*, wodurch Tief- oder Hochzug der Schäfte eintritt. Feder *F* bringt den Platinenboden und den Tritt wieder in die Anfangsstellung zurück. Falls man nur die eine Reihe der Platinen *Pt* benützt, *Ph* hingegen herausnimmt und an s_2 Gewichte hängt, so wirkt diese Maschine als reine Niederzugschaftmaschine.

4. Die Schaftmaschine für Hoch-, Tief- und Stehfach.

Dieselbe kommt gewöhnlich dort in Anwendung, wo in Jacquardwaren die Aushebung der Kettenfäden mehrfädig ist. Sie hat mithin den Zweck, in Verbindung mit einem Vorderwerke die Grundbindung herzustellen, z. B. für Damast. Es heben hier gleichfalls, wie beim Gegenzug, für

Stehfach stets nur ein Schaft hoch und einer tief. Das Prinzip dieser Maschine ist in Fig. 178 ersichtlich. Die Maschine enthält zwei Reihen Platinen *PH* und *PT*. Jede solche Platine hat ihre eigene Nadel N_1 und N_2 und das Prisma zwei Reihen Löcher. Um die Wirkung dieser Maschine zu verstehen, denkt man sich noch die Hebelvorrichtung Fig. 179 hinzu. Die Platine *PH*

Fig. 179.

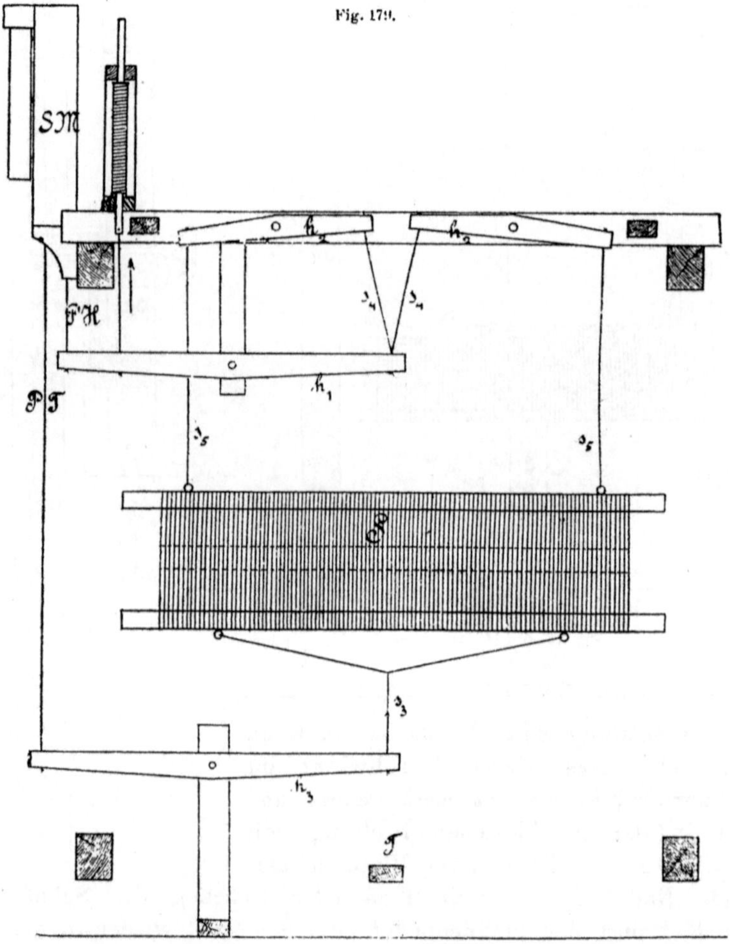

bewegt beim Hochgehen h_1 und h_2 und letztere ziehen den Schaft *S* ins Oberfach. Die Platine *PT* bewegt beim Hochgehen den Hebel h_3 und zieht den Schaft *S* ins Unterfach. Es dient also die eine Reihe Platinen *PH* zum Heben, die andere Reihe *PT* zum Senken der Schäfte. Die Platinen der stehenbleibenden Schäfte bleiben in Ruhe. Will man z. B. den fünften Schaft hoch ziehen uud den ersten tief, so durchschlägt man das fünfte Loch der Nadelreihe N_1 und das erste Loch jener von N_2. Alle übrigen Platinen werden von den Messern zurückgedrängt. Die Federn *F* im Gehäuse auf der Überlage dienen zur Rückbewegung der Schäfte.

B. Die Bewegung des Schusses.

Die Bewegung des Schusses hat die Aufgabe, die regelmäßige Verkreuzung beider Fadensysteme zu einer geschlossenen Fläche herzustellen, um im allgemeinen ein Gewebe von bestimmter Festigkeit zu erzielen. Diese Bewegung hat also den Zweck, in das geöffnete Fach den Faden einzuführen, nach Verschiedenheit der Farbe, Dicke und Qualität, und insbesondere in der gewünschten Dichte an die Ware anzuschlagen; es sind daher zwei Operationen notwendig:

a) Das Einschießen.

b) Das nachherige Anordnen oder Anschlagen.

a) Das Einschießen.

Der leichteren und raschen Arbeitsweise halber wird man das Schußmaterial auf Spulen aufwickeln, dasselbe in geeignete Gehäuse einschließen, um eine Beschädigung der Fäden hintanzuhalten Diese Gehäuse werden,

Fig. 180.

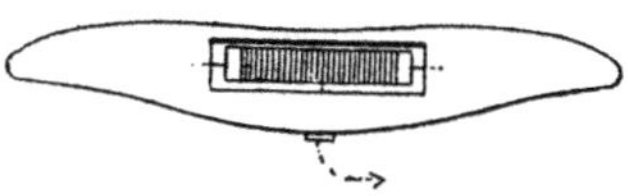

Fig. 181.

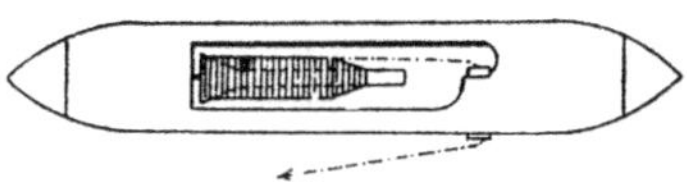

da sie Ähnlichkeit mit einem Schiffchen haben, **Weberschiffchen** genannt; der gebräuchliche Namen ist die **Schütze** und das Durchwerfen heißt das **Schießen.** Man unterscheidet nach der Art des Durchwerfens eine **Hand**- und eine **Schnellschütze.** Die Handschütze hat gewöhnlich eine geschwungene Form mit Abrollspule, Fig. 180, und die Schnellschütze eine gerade Form mit Schleifspule, Fig. 181 und 182 (untere Ansicht).

Fig. 182.

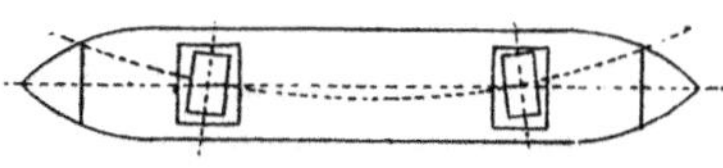

Ganz besonderes Augenmerk ist immer auf die Spannung des abgewickelten Schußfadens zu richten; hierfür sind die verschiedensten zweckmäßigen Spannvorrichtungen im Innern der Schütze konstruiert worden. Namentlich müssen die Schützen für die Seidenweberei empfindliche Fadenbremsen enthalten, welche wie z. B. bei der **Bügelschütze** aus durch Gummi oder Federzug zurückgehaltenen Hebelchen bestehen, durch deren Ösen in vielfacher Windung der Faden läuft. Das Loch, durch welches der Faden austritt, nennt man **Schützenauge.**

Die Schnellschütze wird immer mit einer besonderen Vorrichtung, der **Treibervorrichtung,** durch das Fach geworfen. Zur leichteren Bewegung und damit eine Beschädigung der Kettenfäden nicht gut möglich ist, läuft die Schnellschütze stets auf Rollen, deren Achsen gegeneinander geneigt liegen, so daß die Schütze das Bestreben hat, im großen Bogen auf ihrer Bahn zu laufen, **Fig.** 182; da sie jedoch vom Kamme gezwungen wird, die gerade Richtung beizubehalten, ist ein richtiger Gang erzielt und das Herausfallen während der Schwingung der Lade verhindert. Zum Durchwerfen oder Eintragen und zum Anschlagen ist eine geeignete Vorrichtung notwendig, welche **Lade** genannt wird. Man unterscheidet:

1. Die Handlade.

Die Einrichtung derselben ist in **Fig.** 183 ersichtlich. Ehemals allgemein verwendet, benutzt man sie heute mit Vorteil nur bei Musterstühlen. *SB* ist der **Schwingbaum,** *LA* der **Ladenarm,** *LB* das **Ladenklotz,** *oo* die Aufhängepunkte am Webstuhlriegel *lo*; das Ladenklotz muß eine

Fig. 183.

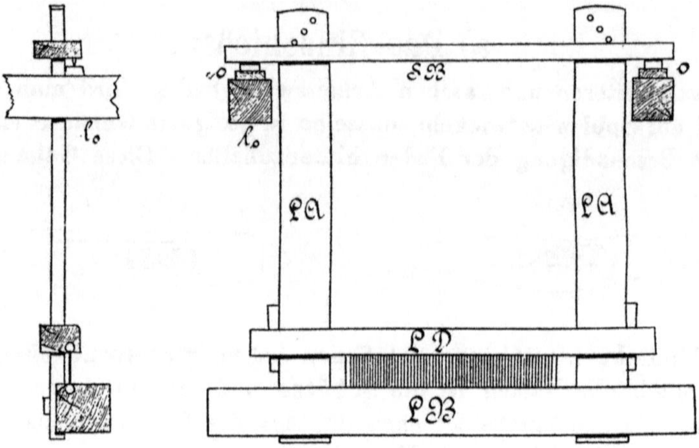

genügende Schwere besitzen; es ist zumeist aus hartem Holze verfertigt, das für ganz schwere Stoffe noch mit Eisenschienen belastet wird. Laden, welche frei hängen, heißen **Hängeladen,** und solche, wie bei schmalen Musterstühlen, welche mit ihren Ladenstelzen am Boden aufstehen, heißen **Stehladen.** (Diese **Fig.** 229 und 230.)

2. Die Schnellade.

Dieselbe, **Fig.** 184, hat außer der Einrichtung der Handlade noch eine spezielle Einrichtung zum mechanischen Durchwerfen der Schnellschütze. Am linken und rechten Ende des Ladenklotzes, anschließend an die sogenannte **Ladenbahn** *LB*, befinden sich je ein **Schützenkasten** zur Aufnahme der Schütze. Das Durchwerfen erfolgt durch den sogenannten **Treiber,** d. i. ein mit Leder belegtes Holzklötzchen, welches von Hand aus, durch eine Schnur gezogen, bzw. geschnellt, sich entweder in einer Führung des Schützenkastens, **Fig.** 185 (Leinen-, Baumwoll- und Seidenweberei), oder auf einer Spindel (Schafwollweberei) in gerader Richtung bewegt. Das Zurückschieben des Treibers erfolgt durch Anprall der Schütze oder durch Federzug; letzteres bei allen Wechselladen. Beide Treiber sind durch eine Schnur gegenseitig verbunden. In der Tuchhandweberei ist diese

Fig. 184.

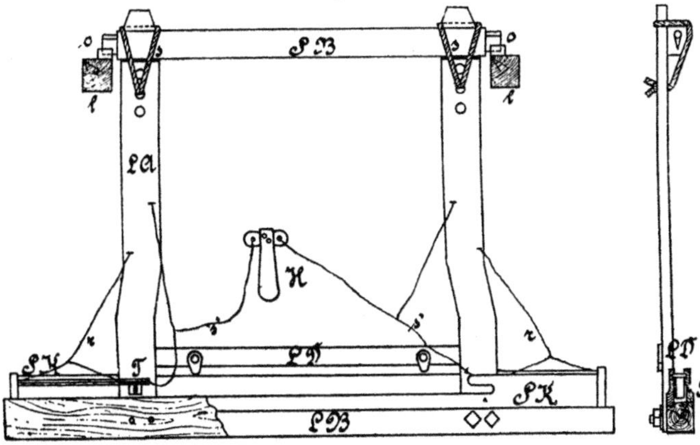

Schnur geteilt, und heißt die **Peitsche.** Auf breiten Stühlen werden bisweilen zwei Gewebe nebeneinander gewebt; zu diesem Zwecke sind drei

Fig. 185.

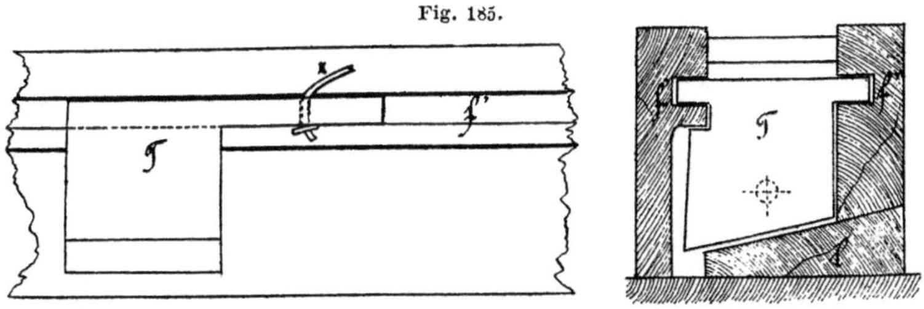

Schützenkästen vorhanden, wovon einer inmitten der Bahn liegt. Die Ladenbahn steht im kleineren Winkel als 90° zum Kamme und dient der laufenden

Fig. 186.

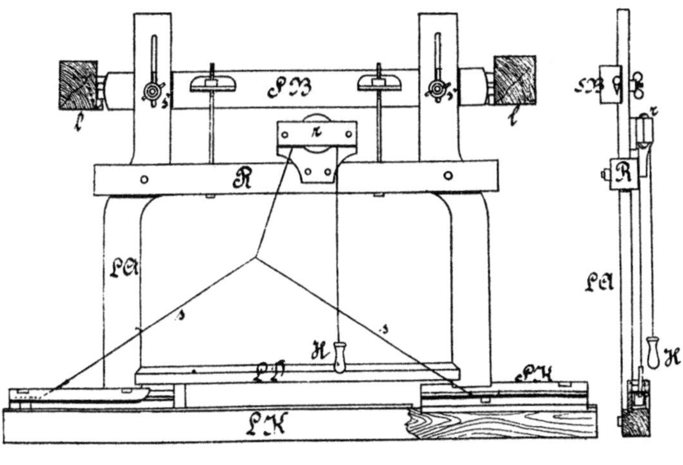

Schütze als Unterlage, über welche die Kettenfäden in senkrechter Richtung in äußerster Stellung leicht hinweggehen. Sie muß sich daher nach Bedürfnis höher und tiefer stellen lassen, was sich nach Fig. 183 z. B. durch

Fig. 187.

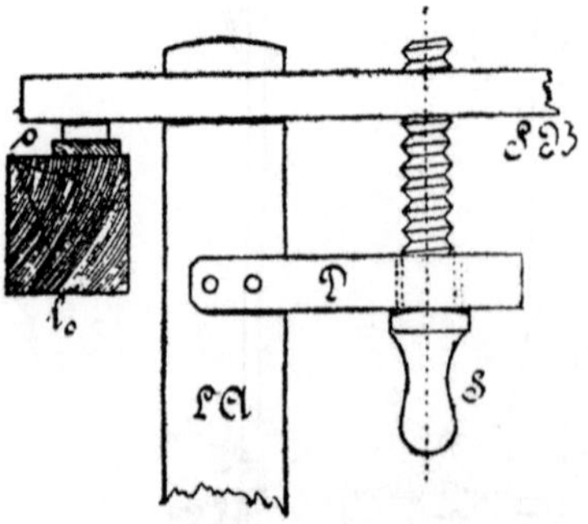

Stifte in den Ladenarmen, oder nach Fig. 184 durch eine Seilverbindung, nach Fig. 186 mittels Schrauben, oder für schwere Laden mit Vorteil, wie in Fig. 187 ersichtlich, ausführen läßt.

3. Die Wechsellade.

Dieselbe wurde im 18. Jahrhundert sowie die vorhergehende Schnellschütze von John Kay in England erfunden. Beide sind stets miteinander vereinigt und erstreckt sich die Konstruktion der Wechsel-

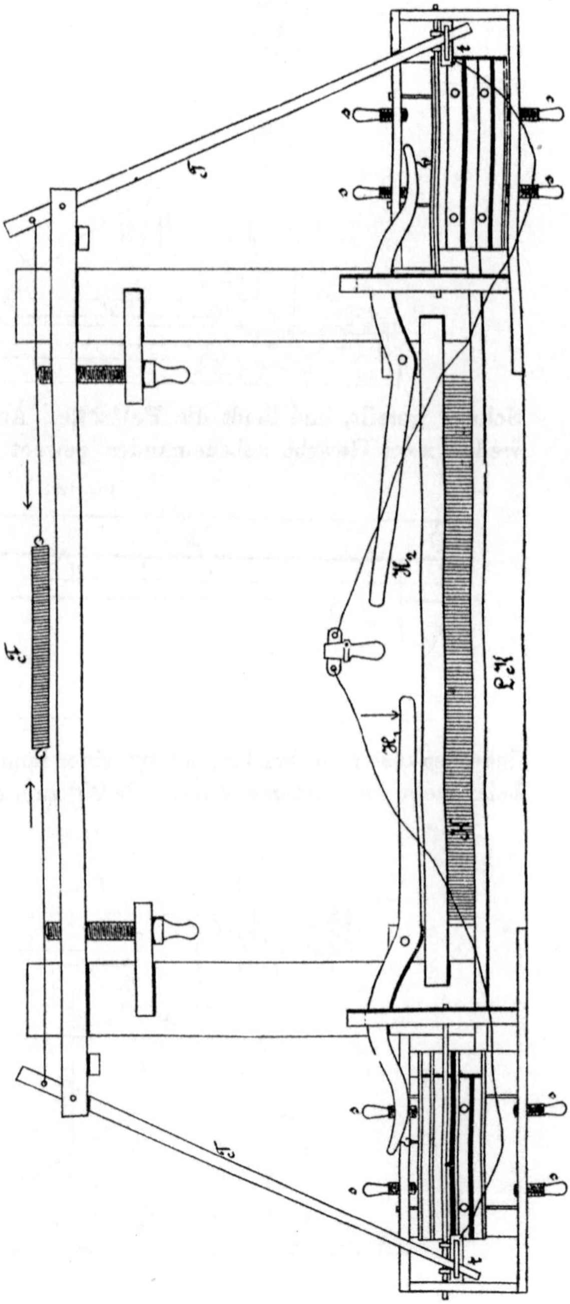

Fig. 191.

Fig. 188.

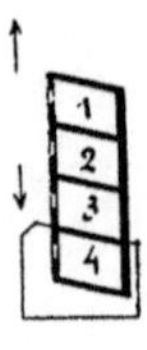

Fig. 189.

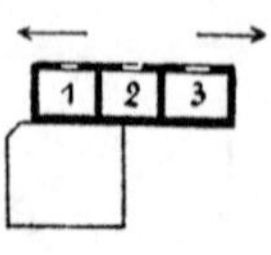

Fig. 190.

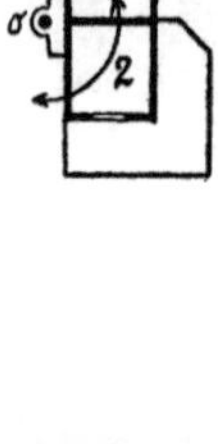

lade nur auf den sogenannten Schützenwechsel. Man wendet sie in allen jenen Fällen an, wo es sich darum handelt, durch verschiedene Schüsse Muster zu erzielen, in Doppelgeweben, ferner in lanzierten und karrierten Geweben. Zur Aufnahme des verschiedenen Materials in ebensovielen Schützen dienen mehrere Schützenkästen auf jeder Seite. Das erforderliche Einstellen dieser Kästen geschieht von Hand aus oder durch die Tritte, oder durch Platinen der Maschine. Die Vorrichtung zum Verstellen der Kästen heißt **Schützenwechsel** und man unterscheidet: a) **abhängig** beliebige und b) unabhängig beliebige; erstere sind entweder gleich oder entgegengesetzt bewegt; letztere beliebig; ferner: a) Wechsel mit **Hub-, Fall-** oder **Steigkasten,** Fig. 188, b) Wechsel mit **Schiebkästen,** Fig. 189; letztere sind veraltet, und dienen für eiserne Schützen in der Schafwollweberei; c) Wechsel mit **Schwingkästen,** Fig. 190; Fig. 191 stellt eine derartige Lade vor, welche von Hand aus die Kästen einstellt, indem die Hebel H_1

Fig. 192.

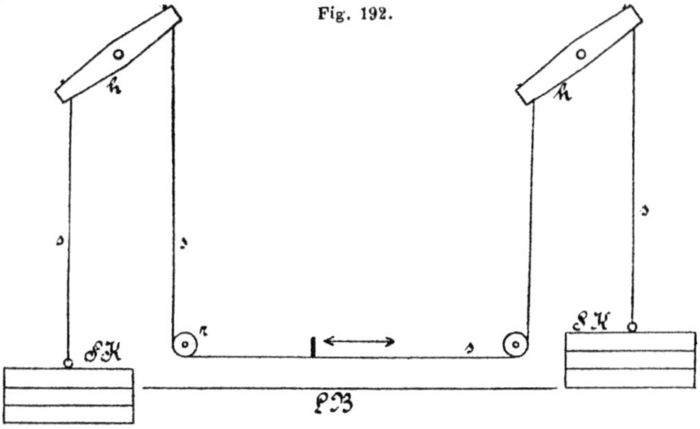

Fig. 193.

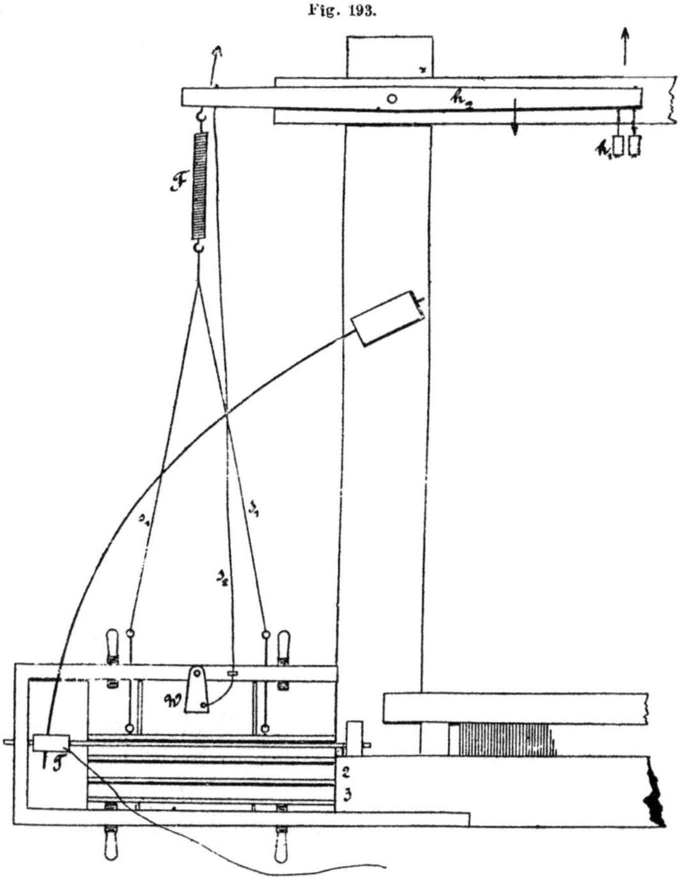

und H_2 mit den Schützenkästen in Verbindung stehen. Die Stellschrauben *ss* begrenzen den Hub, bzw. den Fall und stellen den Kasten in die Bahn. Fig. 192 zeigt im Prinzipe das abhängige Wechseln von drei Schützenkästen beider-

Fig. 194.

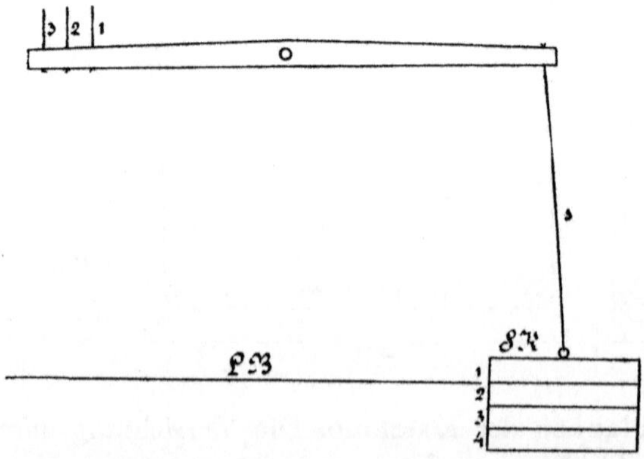

Fig. 195.

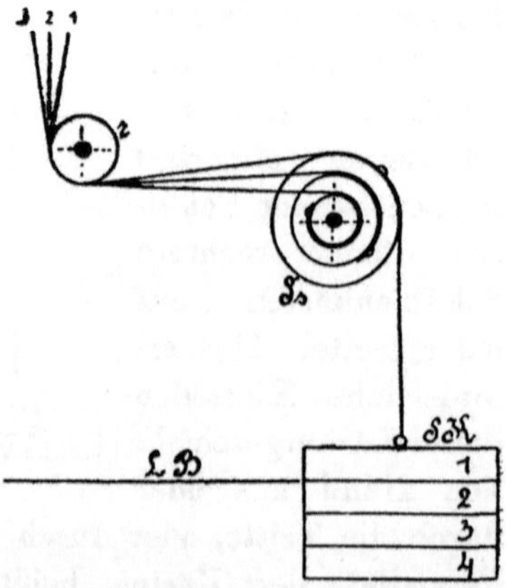

seits. Außer diesen beiden Arten gibt es noch andere Konstruktionen für das Wechseln mit der Hand, welche oft recht kompliziert erscheinen. In Fig. 193 werden von den Platinen die Schützenkästen beiderseits beliebig bewegt,

Fig. 196.

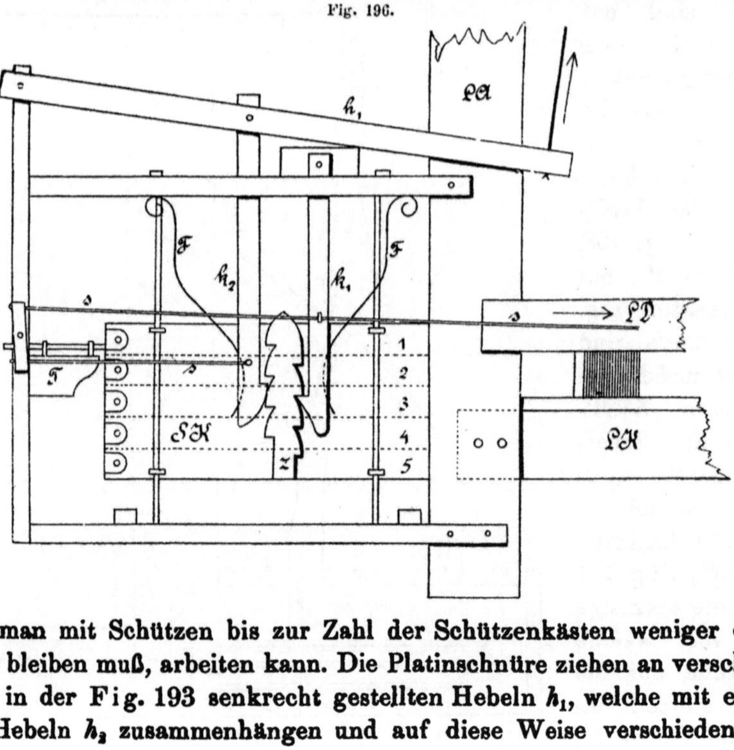

so daß man mit Schützen bis zur Zahl der Schützenkästen weniger einem, der leer bleiben muß, arbeiten kann. Die Platinschnüre ziehen an verschieden langen, in der Fig. 193 senkrecht gestellten Hebeln h_1, welche mit ebensovielen Hebeln h_2 zusammenhängen und auf diese Weise verschieden hoch ausheben. Die Feder F schützt vor Bruch der Platine, der Anschlag w begrenzt den Hub des zweiten Kastens. Fig. 194 zeigt eine Vereinfachung der vorhergehenden, da ein einziger Hebel, welcher, an verschiedenen Stellen von den Platinen angegriffen, die Senkung der Kästen bewirkt. Eine andere Wechselvorrichtung, Fig. 195, vermittelt die verschieden hohe Aushebung der Kästen durch eine Stufenscheibe Ss, welche, nachdem die Platinenschnüre 1 bis 3 an verschiedenen Radien angreifen, eine verschiedene Winkelbewegung macht. Fig. 196 gibt die Einrichtung einer Wiener **Lanzierlade** in der Ansicht von rückwärts. Die Bewegung erfolgt hier immer nur um einen Kasten nach aufwärts und um alle nach abwärts, ist also beschränkt und dient hauptsächlich für 1 und 1 lanzierte Stoffe. Der Hebel h_1 bewegt beim Hochgang die Klinke k_2, welche die Zahnstange z erfaßt und um einen Zahn hebt, so daß die Klinke k_1 den Kasten in der gehobenen Stellung erhält. Die Schnur s steht mit den beiden Klinken in Verbindung. Ein Zug an der Schnur von Hand aus oder von einer Platine rückt beide Klinken aus; der Kasten fällt frei herab.

Der Schützenwechsel.

Die Reihenfolge im Austausche der verschiedenen Schützen nennt man **Schützenwechselrapport.** Derselbe richtet sich nach dem Schußmuster, nach der Zahl der verwendeten Schützenkästen und nach der Anfangsstellung der Schützen in den Kästen. Die gesetzmäßige Einstellung der Kästen in die Bahn hat die Hand oder haben **Wechselplatinen** in der Schaftmaschine zu besorgen. Je mehr freie Kästen zur Verfügung stehen, desto früher und leichter wird die Anfangsstellung erzielt. Auch diese Arbeitsweise wird zuvor am Papiere niedergeschrieben, z. B. sowie in den Fig. 197 bis 199. Nach Fig. 197 wechselt für eine Schußfolge 2 und 2 und beiderseits zwei Kästen nur der linke Wechselkasten; demnach gibt Patrone a die **Wechselpatrone.** Nach Fig. 198 wechseln für eine Schußfolge 1 und 1 und beiderseits zwei Kästen auch beide Wechselkästen. Fig. 199 stellt die Wechselung 1 und 1 und 1 für beiderseits je zwei Kästen, von denen immer nur einer leer ist. Die Kastenstellung ist zwar schon nach vier Schüssen beendigt und der fünfte Schuß zeigt wieder die Anfangsstellung der Kästen, doch nicht die anfängliche Schützenstellung in den Kästen. Erst nach zwölf Schüssen befinden sich die gleichen Schützen in ihren zugehörigen Kästen und nehmen die früheren Stellungen ein. Es ist notwendig, jedesmal zu dem gegebenen Schußmuster und der Wechsellade auch die Wechselpatrone in der einfachsten Art der Praxis entsprechend durchzuführen.

Fig. 197.

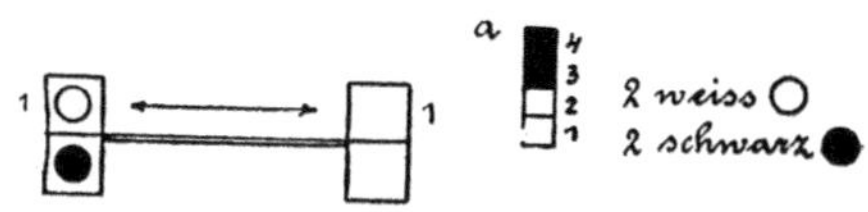

Fig. 198.

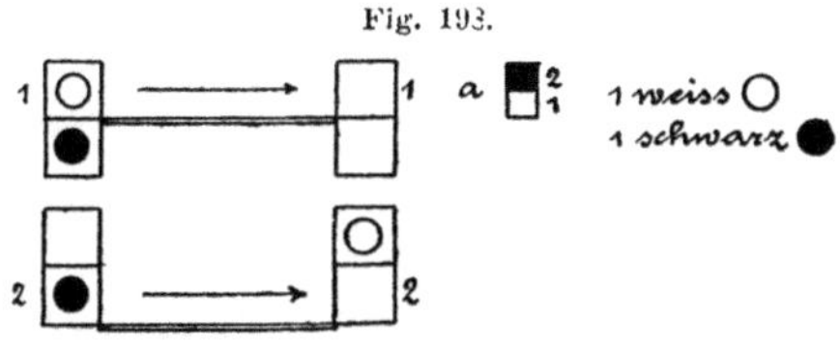

1. Vor allem hat man das gegebene Schußmuster zu reduzieren, d. h. auf eine vereinfachte Form zu bringen, und zwar nach ungerader und gerader Zahl, z. B.:

Fig. 199.

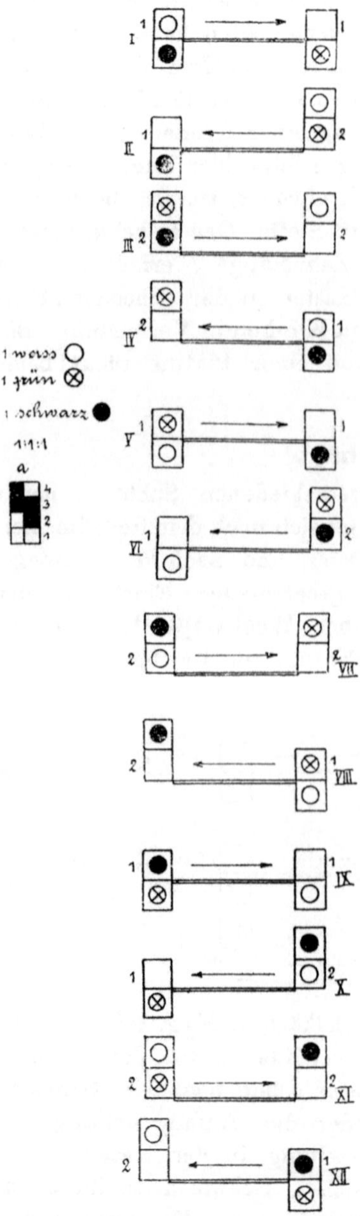

3 Schuß	rot,	ergibt reduziert			1 rot
2	„ blau,	„	„		2 blau
12	„ schwarz,	„	„		2 schwarz
1	„ grau,	„	„		1 grau
12	„ schwarz,	„	„		2 schwarz
5	„ braun,	„	„		1 braun

35 Schuß für ein Muster.

Man gewinnt dadurch eine bessere Übersicht;

2. bezeichnet man die Farben nach Schützenziffern, z. B.:

rot = 1. Schütze
blau = 2. „
schwarz = 3. „
grau = 4. „
braun = 5. „

3. man verteilt die ungeradnamigen Schützen auf die eine Seite, die geradnamigen Schützen auf die andere Seite, z. B.:

1. Schütze, 3. „, 5. „ } links, 2. Schütze, 4. „ } rechts;

4. man setzt die Zahl der Schützenkästen fest:
für das gegebene Beispiel erfordern die drei ungeradschüssigen
Farben: 3 + 1 Kasten,
die zwei geradschüssigen
Farben: 2 + 1 Kasten,
in Summe 7 Kästen und wegen der gleichen Zahl Kästen auf jeder Seite in Praxis acht, d. h. auf jeder Seite vier;

5. man zeichnet ein Wechselschema auf, in welchem die arabische Ziffer die abgeschossene Schütze und die römische Ziffer den eingenommenen Stand der Schütze bedeuten, die Pfeilrichtung den Schlag nach rechts oder links, und die vorgestellte Kolonne die jeweilige Schußzahl, bzw. die Anzahl gleicher Kastenstellungen. Man schreibt die Anfangsstellung ein und sucht möglichst auf kürzestem

Wege im Verlaufe der Kastenstellungen wieder darauf zurückzukommen, **Fig. 200.**

Schema des Wechsels.

Fig. 200.

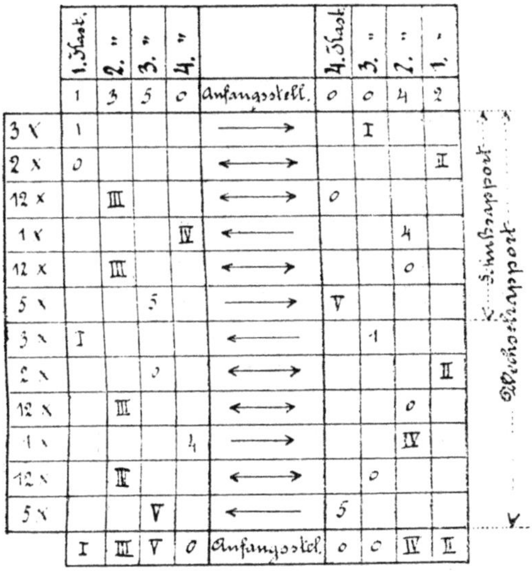

6. Daraus ergibt sich die Wechselpatrone, **Fig. 201,** für die Karten und Platinen: bedeuten

1. Platine	1. Kasten	links
2. "	2. "	"
3. "	3. "	"
4. "	4. "	"
5. "	1. "	rechts
6. "	2. "	"
7. "	3. "	"
8. "	4. "	"

so folgt

Fig. 201.

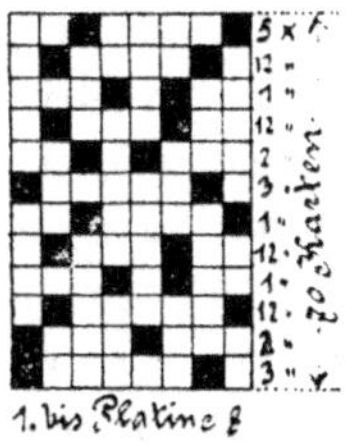

70 Karten reduzierte Schlagpatrone.

b) Das Anschlagen.

Das Anschlagen des Schusses erfolgt mittels des Blattes oder **Kammes, Fig. 202,** welcher mit Stahl- oder Messingzähnen *z* ausgerüstet wird. Für die Leinen- und Wollweberei wendet man noch Kämme an, die in zweiteilige Holzstäbe *S*, durch Zwirn *s* in Distanz gehalten, eingepicht sind. Die Zwischenräume nennt man **Zähne,** die Höhe des Kammes **Kammsprung** und die Länge die **Kammbreite.** Die **Kammdichte** ist die Zahl der Zähne für 10 *cm* Breite. Die in Pechbund hergestellten Kämme sind zwar einfach und billig, auch können Beschädigungen bequem ausgebessert werden, doch sind sie wenig widerstandsfähig und verursachen durch verbogene Stellen häufig streifige Ware. Vorteilhafter sind Kämme, welche mit Draht und Flachschienen abgebunden und eventuell verlötet sind. An beiden Enden des Kammes werden wegen größerer Widerstandskraft gegen das Einziehen der Endleisten stärkere Zähne eingesetzt. Man unterscheidet: den regelmäßigen, den gruppenweise ungleichen, den verstellbaren, den gemusterten, den lückenhaften, den doppelten und den Perlenwebekamm. Der Webekamm ist ein

Fig. 202.

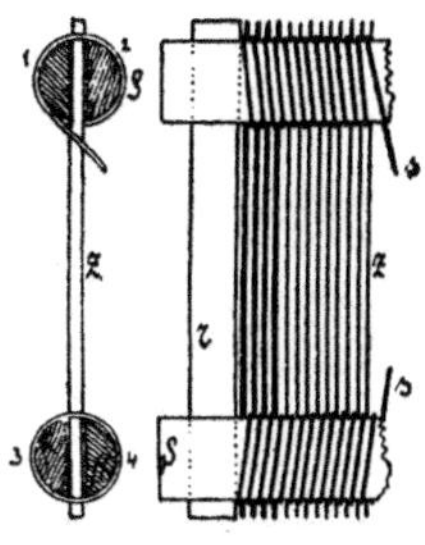

äußerst wichtiges und empfindliches Gerät, auf welches ganz besondere Sorgfalt gelegt werden muß. Vor jeder Verwendung muß eine vorherige Prüfung die Tadellosigkeit erweisen. Der untere Kammstab kommt in eine Längsnut der Ladenbahn zu liegen, der obere in einen abhebbaren Holzteil, den **Ladendeckel.** Der Kamm muß stets seitlich leicht verschiebbar sein und für leichte Seidenstoffe auch im Deckel nach rückwärts locker liegen; der Deckel ist deshalb für solche Stoffe zweiteilig; der eine bewegt sich in Scharnieren, und wird durch versenkte Spiralfedern oder durch hölzerne Plattfedern angedrückt, während der andere Teil feststeht. Zum Auseinanderteilen der verhängten, bzw. verfilzten Kettenfäden dichter Ketten bei Fachwechsel bedient man sich in der Seidenweberei des **Helfenspalters,** auch **Kettenteiler** genannt, der einem niederen Schafte gleicht, und hinter dem Kamm an den Ladendeckel aufgehangt wird. Die Helfen ohne Augen spalten, d. h. teilen die Kettenfäden eines Zahnes in zwei oder mehr Teile.

Fig. 203.

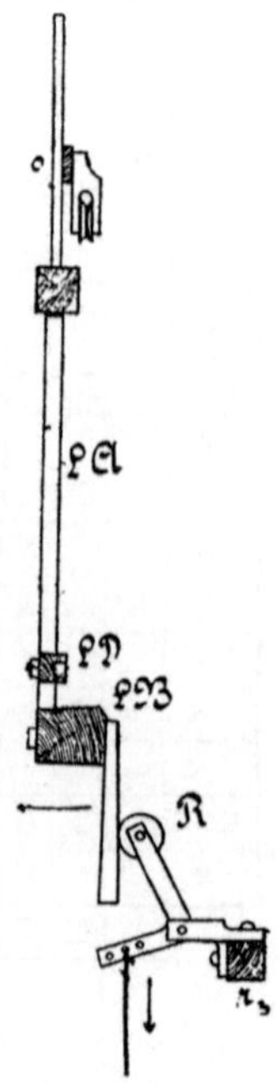

Die Bewegung der Lade behufs Andrückens des Schusses an den Warenrand erfolgt gewöhnlich mit der Hand, indem ein bis drei Schläge mit der Lade gemacht werden. Für leichte Seidenwaren erzielt man die Bewegung der Lade durch das Treten der Tritte und mithin eine gewisse Genauigkeit und Gleichmäßigkeit, indem die letzteren mittels ebensovieler Schnüre mit einem Winkel am Querriegel r_3, Fig. 203, verbunden werden; das zweite Ende dieses Hebels trägt eine Rolle *R*, welche an einem Brettchen des Ladenklotzes gleitet und die Lade während der Schwingung zurückdrückt. Beim Einfallen wirkt das Gewicht der Lade, welches stets mit derselben Kraft den Schußfaden an die Ware anschlägt. Gleichzeitig kann eine Platine mit einer Hebelbewegung, dem **Selbstschlage,** das Durchwerfen der Schütze besorgen. In der Holzrouleauerzeugung werden beide Hände zu anderweitigen Handgriffen benötigt, so daß die Lade mit der Hand nicht zum Anschlage gebracht werden kann. In solchen Fällen kann nach Fig. 204 ein zweiter Fußtritt mit Hebelzügen die Lade anschlagen. Das Hinausbewegen der Lade vollzieht eine Feder *f.*

Fig. 204.

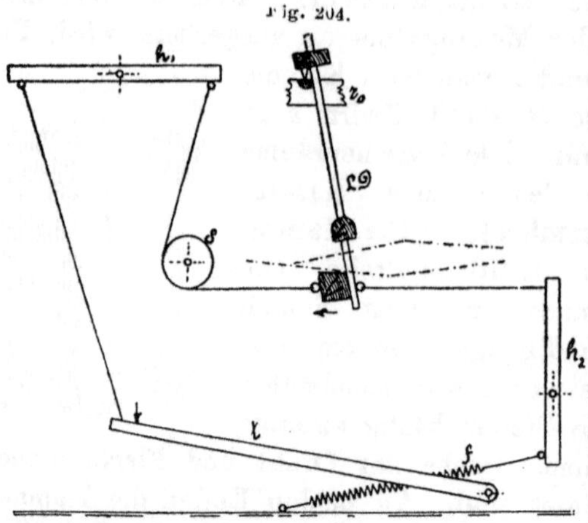

III. Gruppe:
Die Webstühle.

Das Weben mit der Hand auf Handwebstühlen zum Zwecke handwerksmäßiger Erzeugung nimmt immer mehr ab und man kann mit Gewißheit sagen, daß das bloße Weben am Handstuhle von den jüngsten Arbeitskräften nicht mehr erlernt werde. Die Handweberei weicht Schritt um Schritt der mechanischen Weberei, ihr ein Gebiet um das andere überlassend. So finden wir in manchen Städten, wo ehemals die Tuchhandweberei schwunghaft betrieben wurde, diese allmählich verschwinden. In der Leinen-, Baumwoll- und Seidenweberei ist dasselbe zu konstatieren und beschränkt sich die Handweberei dieser Zweige nur mehr auf die Erzeugung ganz besonderer Stoffe, welche noch einen Gewinn erzielen lassen.

Die heute im Gebrauche stehenden mechanischen Stühle hätten ohne Beachtung der Grundprinzipien des Handstuhles und der hiebei gepflegten Arbeitsweise nicht konstruiert werden können, auch die Erfindung neuer verbesserter Stuhlsysteme würde kaum durchführbar sein.

Die Handweberei wurde auf dem Gebiete der Erzeugung glatter Stoffe wohl durch die Maschinenweberei in den Hintergrund gedrängt, jedoch nur auf diesem Gebiete, wo sie sich der Massenfabrikation bemächtigte, allein keinesfalls auf jenem der Kunstweberei, wo der Handbetrieb noch besteht.

Diese Umwandlung, welche im Bereiche der Wollweberei als abgeschlossen betrachtet werden kann, wird auch auf den übrigen Gebieten der Weberei bei Erzeugung glatter Stoffe völlig Platz greifen.

Die Handweberei als solche bleibt jedoch in allen jenen Fällen erhalten, wo es sich darum handelt, neue Muster der Mode entsprechend, zuerst zu versuchen.

Zum Studium einer neuen Technik eines Gewebes wird sie fast ohne Ausnahme beachtet werden müssen.

In den folgenden Kapiteln sind die wichtigsten, noch jetzt verwendeten Handstühle angeführt und durch Zeichnungen im Längs- und Querschnitte wesentlich erläutert.

1. Der Leinenstuhl.

Fig. 205. Derselbe wird zum Weben von glatter **Leinwand** mit der Wellenvorrichtung, zwei Schäften und zwei Tritten verwendet. Der Kettenbaum erhält die feste Spannung und liegt höher als der Brustbaum. Das Treten der Tritte ist zwangsläufig, d. h. beide Füße des Webers verlassen ihre Tritte nicht. Der Ladenanschlag erfolgt bei vertretenem Fache, d. h. nach jedem Schusse wird das Fach gewechselt und erst dann die Lade

angeschlagen, um die Qualität der Ware zu erhöhen. Zu dieser Art Stühlen gehört auch der Baumwollwebstuhl, Fig. 63 bis 65.

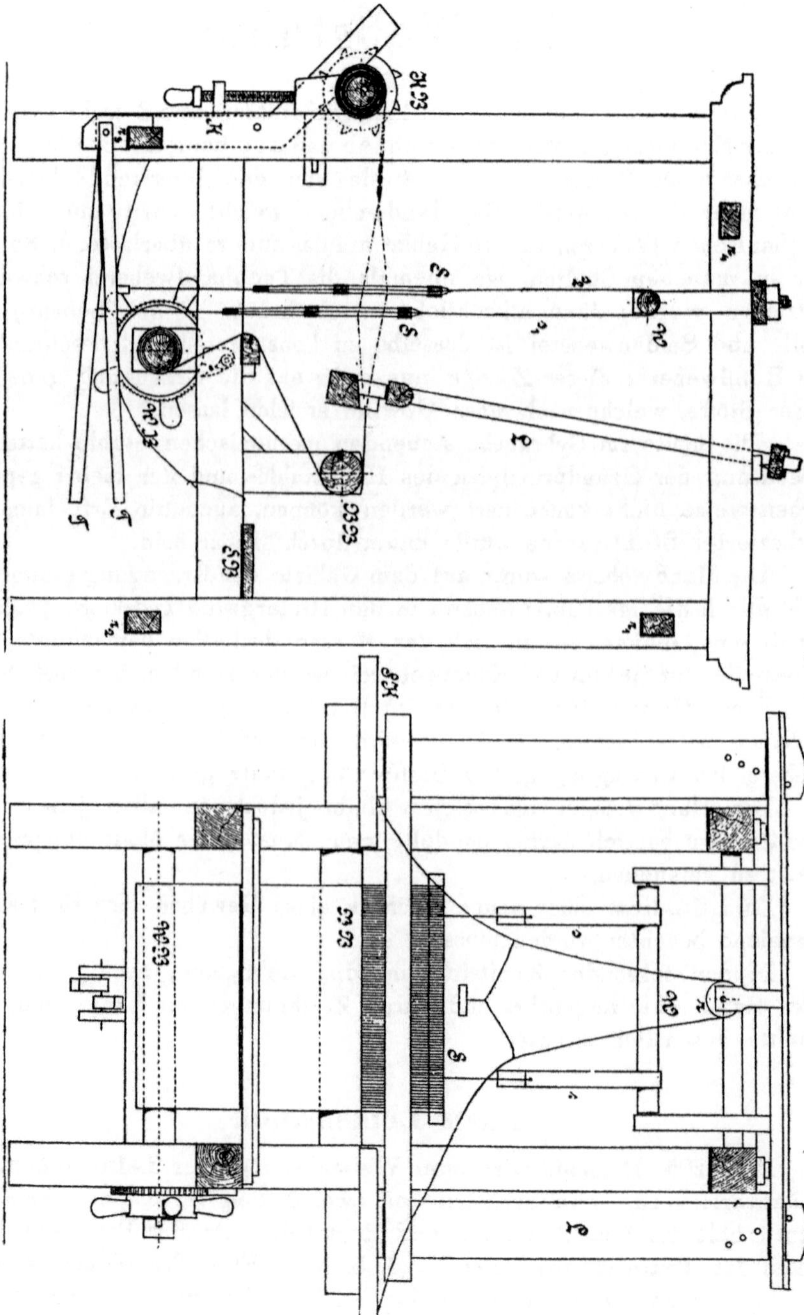

Fig. 205.

2. Der Seidenstuhl für Taffet.

Fig. 206. Die Stuhlwand zeigt nur einen oberen Querriegel, der gegen die Säulen durch Winkeleisen verschraubt ist. Der Kettenbaum erhält die kombinierte elastische Spannung. Die Kettenfäden laufen bisweilen noch über eine Streichrolle *SR*. Der Warenbaum wird direkt vom Regulator angetrieben, der von den Tritten T_1 und T_2 mittels Schnüren und Winkelhebel die Bewegung erhält. Die Schaftzugvorrichtung wird durch zwei in der Überlage drehbare Wellen *W* von verschiedenem Durchmesser gebildet, derart, daß ein Schrägfach entsteht. Der Ladenanschlag ist Selbstschlag

Fig. 206.

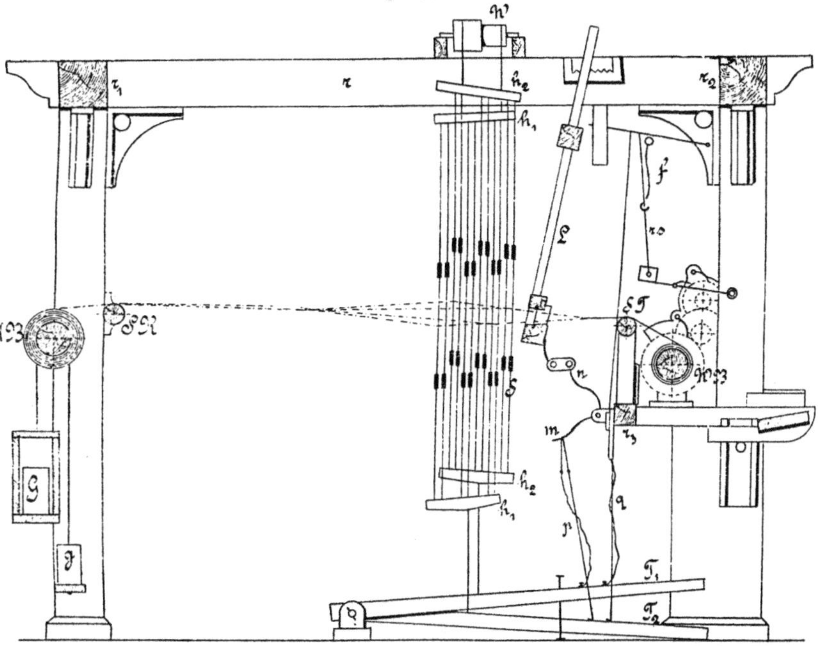

mit Hilfe der Tritte und der Winkelverbindung *mn*. Die Tiefe des Stuhles ist bedeutend größer mit Rücksicht auf das bei Seidenketten notwendige **Spadieren**, d. h. Austeilen der Fäden und die Ausgleichung der Fadenspannungen.

3. Der Rollenzugstuhl.

Fig. 207. Das Gestell zeigt für Baumwollketten eine größere Tiefe zur Unterbringung einer größeren Zahl von Schäften. Der Rollenzug ist doppelt vorhanden, um die Schäfte sicher zu bewegen. Das Treten der Tritte erfolgt in gleicher Weise, also zwangsläufig wie beim Leinenstuhl, um den Fachschluß besser zu bewerkstelligen. Die Spannung ist fest. Bei diesem und beim Leinenstuhle wird die Kette auf dem Stuhle geschlichtet, so zwar, daß die Kette zuerst in der Nähe des Kettenbaumes mit Schlichte

angefeuchtet wird, um eine Klümpchenbildung von Faserchen an den Kettenfäden zu vermeiden.

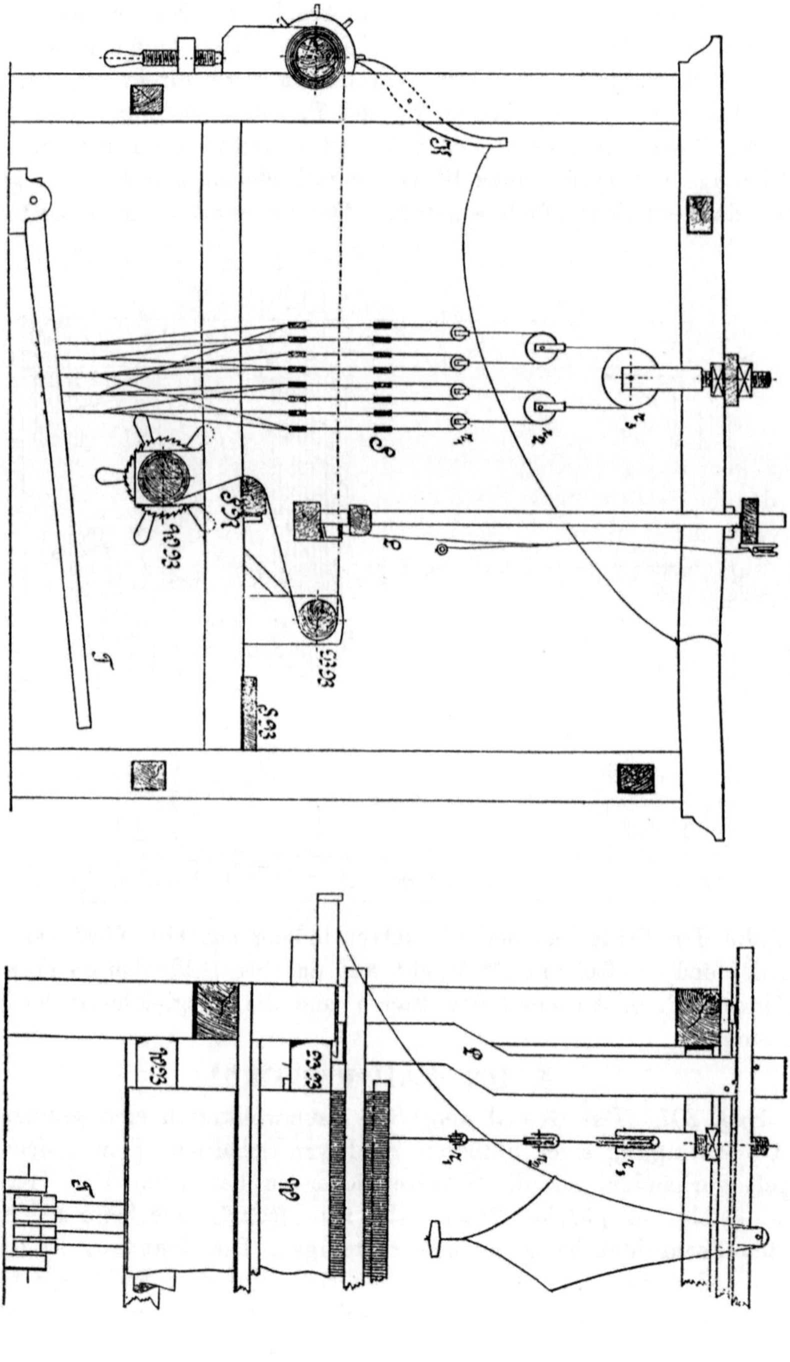

Fig. 207.

4. Der Gegenzugstuhl für Seide.

Fig. 208. Dieser Stuhl hat im allgemeinen dieselbe Einrichtung, wie sie beim Taffetstuhle, **Fig.** 206, vorkam, nur ist als Schaftzugvorrichtung der Gegenzug für Hoch- und Tieffach verwendet und sind beim Gestell untere Längsriegel vorhanden. Zur genauen Hebung laufen die Schaftschnüre noch durch Brettchen der Halter *R*.

Fig. 208.

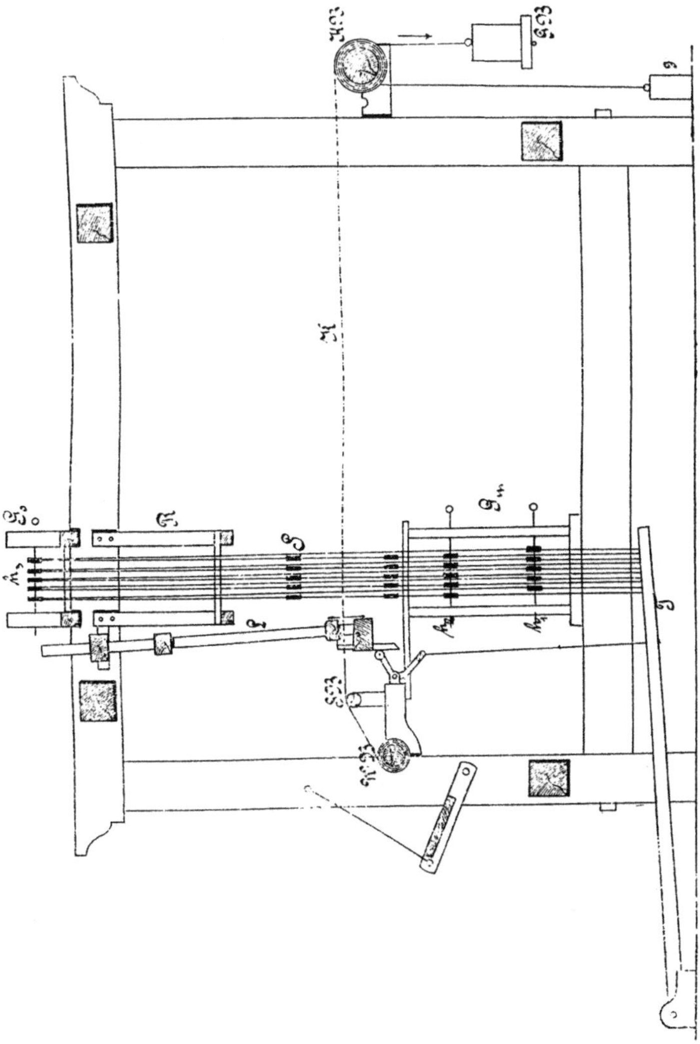

5. Der Gegenzugstuhl für andere Garne.

Fig. 209 zeigt die Anordnung für zwei Kettenbäume mit zugehöriger elastischer Spannung durch Gegengewichte. Der untere Längsriegel liegt tiefer und Waren-, Brust- und Streichbaum sind in besonderer Riegelverbindung der Seitenwände gelagert. Die Zahl der praktisch verwendeten Tritte steigt selten über 16.

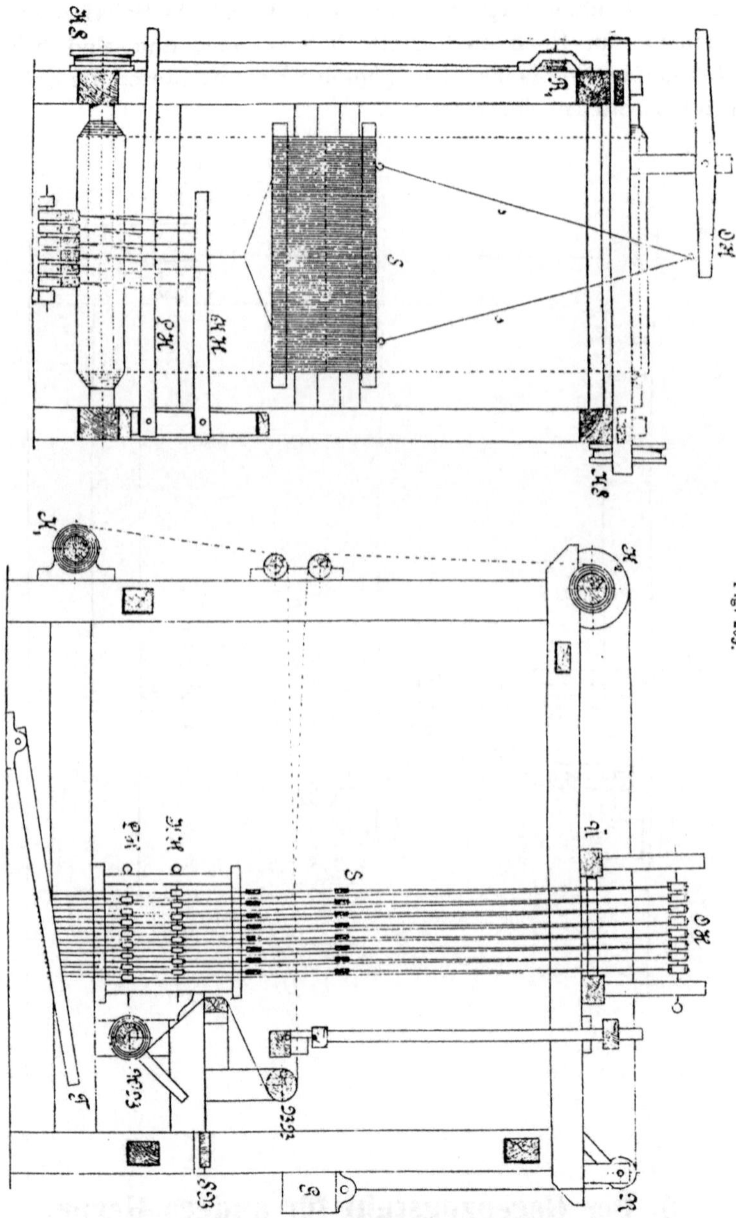

Fig. 209.

6. Der Schaftmaschinstuhl.

Fig. 210 und 211. Das Gestell desselben besitzt oft zwei untere Längsriegel und im oberen Teile die Maschinentrage, auf welche die Schaft-

maschine zu stehen kommt. Die Figur zeigt eine solche für Hoch- und Tieffach mit Gewichtsbelastung der Schäfte. Zur gleichmäßigen Hebung der Schäfte laufen die Schaftschnüre durch den Rost *R* und über Rollen im Rollen-

Fig. 210.

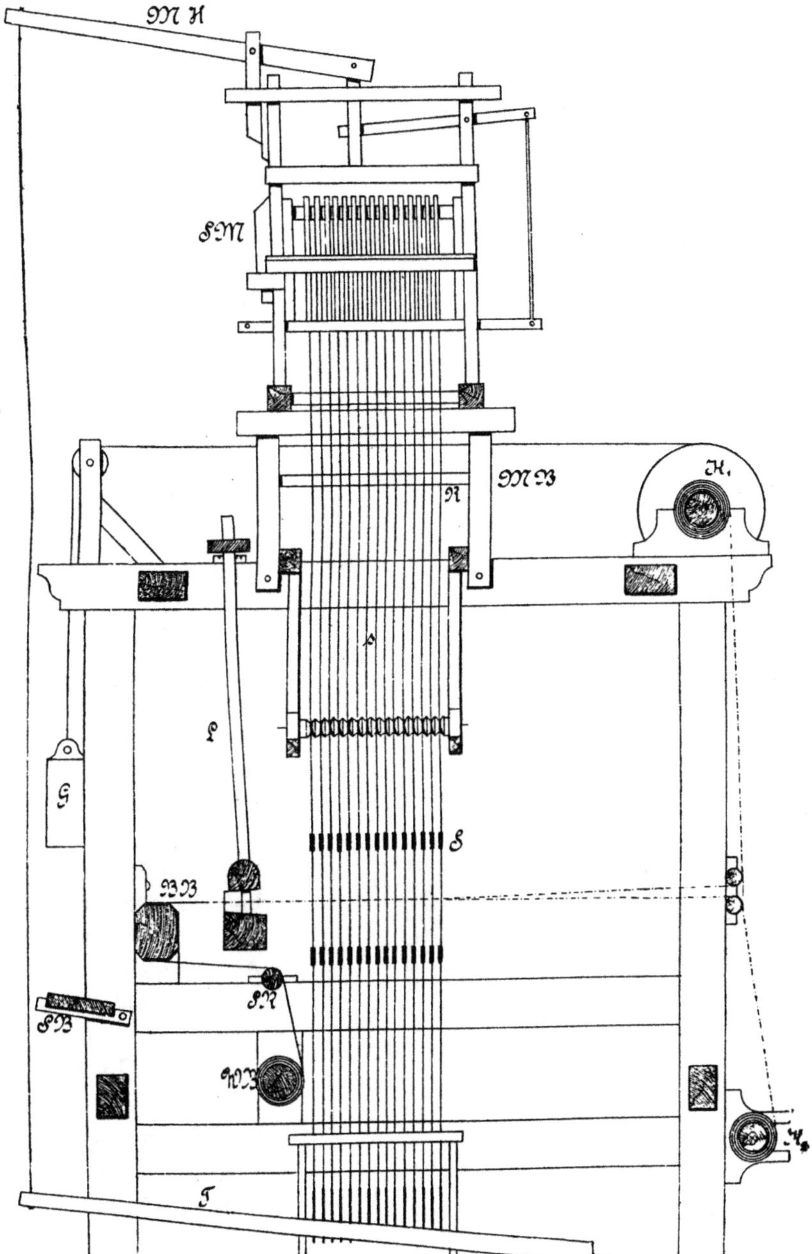

halter an der Überlage. Die Gewichte hängen in Kästchen, um das Schwanken bei rascher Arbeit möglichst zu verhindern.

7. Der Frottierwarenstuhl.

Fig. 211.

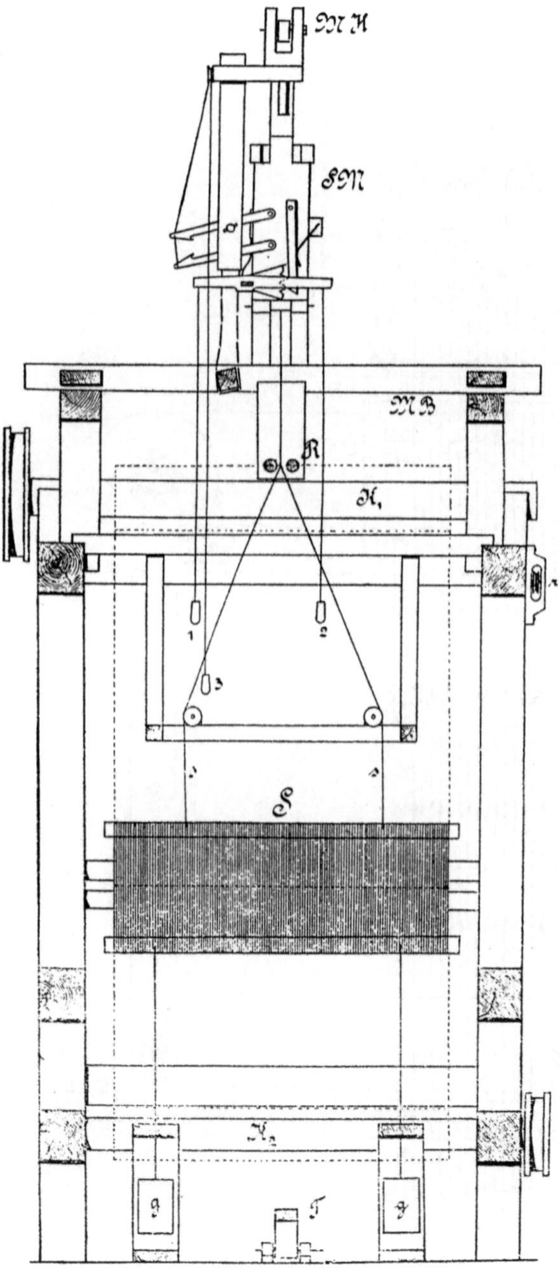

Ein derartiger Stuhl für Bade- oder Schlingentücher ist in Fig. 212 ersichtlich. Die charakteristischen Schlingen dieser Stoffe erzeugt die Schlingenkette *SK*, welche sehr nachgiebig gespannt ist, während die **Grundkette** *GK* eine härtere Spannung erhält, so zwar, daß nach Eintragung mehrerer (gewöhnlich zwei bis drei) leinwandartig bindender Schüsse, welche anfangs 10 bis 20 *mm* vom Warenrande abstehen, dieselben beim letzten Schusse dicht an die Ware herangeschlagen werden. Gleichzeitig schaltet der Regulator, indem durch den Hebel h_1 der Hebel H' und dieser den Regulatorhebel *RH* bewegt. Die übrige Einrichtung des Regulators ist bereits erklärt worden. Zur Distanzhaltung der ersten Schüsse vor der Ware dient der Anschlaghebel *p*, welcher für gewöhnlich durch die Feder *f* gehoben wird, damit die Lade an diesen anstößt. Beim letzten Schusse hingegen wird der Tritt *t* getreten und die Lade mit größerer Kraft angeschlagen, so daß die Schußfäden an den stark gespannten Grundkettenfäden hingleiten und die Schlingkettenfäden durch Reibung gezwungen sind, sich mitzubewegen, um hiedurch auf beiden Seiten des Stoffes herauszutreten, also Schlingen zu bilden, die dem Gewebe eine

Fig. 212.

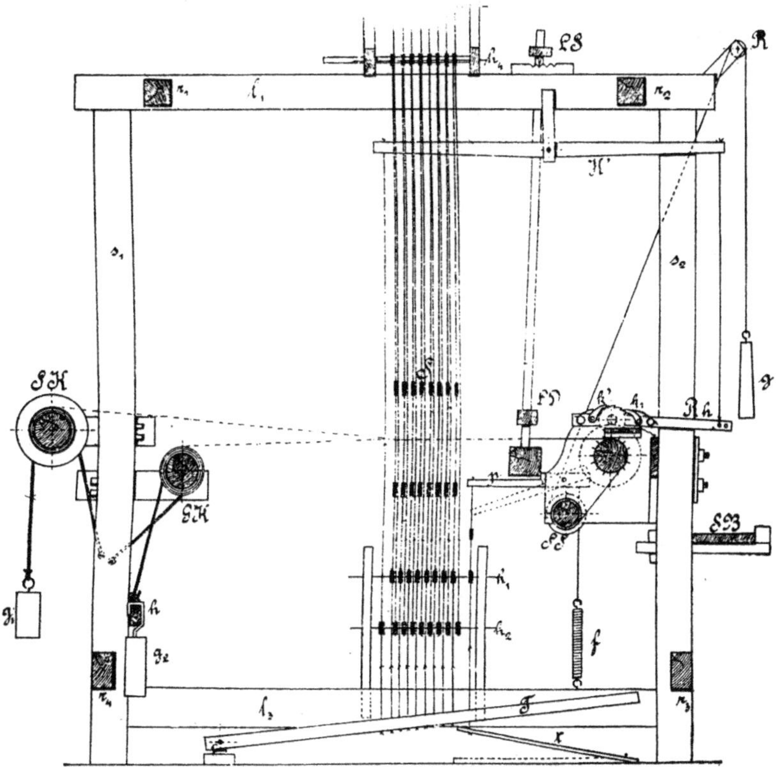

besondere Rauhigkeit verleihen. Der Anschlag der Lade wird für den letzten Schuß durch das Lagerbrett des Regulators begrenzt. Die Schaftbewegung erfolgt durch den Gegenzug für Hoch- und Tieffach oder auch mittels Schaftmaschine.

8. Der Schaft-Steppgewebestuhl.

Steppgewebe (Pikeewaren) bestehen aus zwei Ketten, aus der sogenannten Steppkette K_2, Fig. 213 und 214, und der Grundkette K_1 und aus zwei Ober- (einem Futter-) und einem Unterschuß. Die Grundkette bindet mit dem Oberschusse Leinwand, die Steppkette nur an einzelnen Stellen (gewöhnlich die Kontur spitzgestellter Rechtecke) mit dem Unterschusse Figur. Es bilden also die Figurpunkte der Steppkette Einschnürungen in der Oberfläche

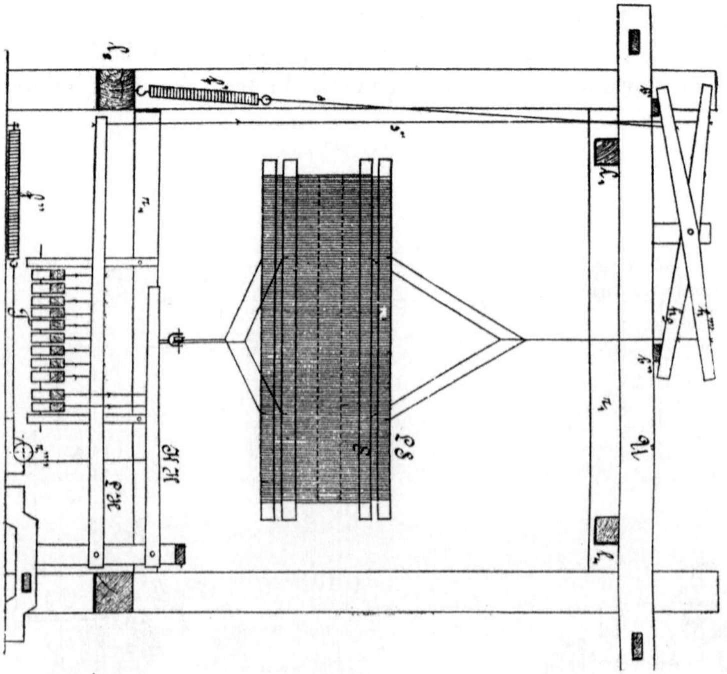

Fig. 213.

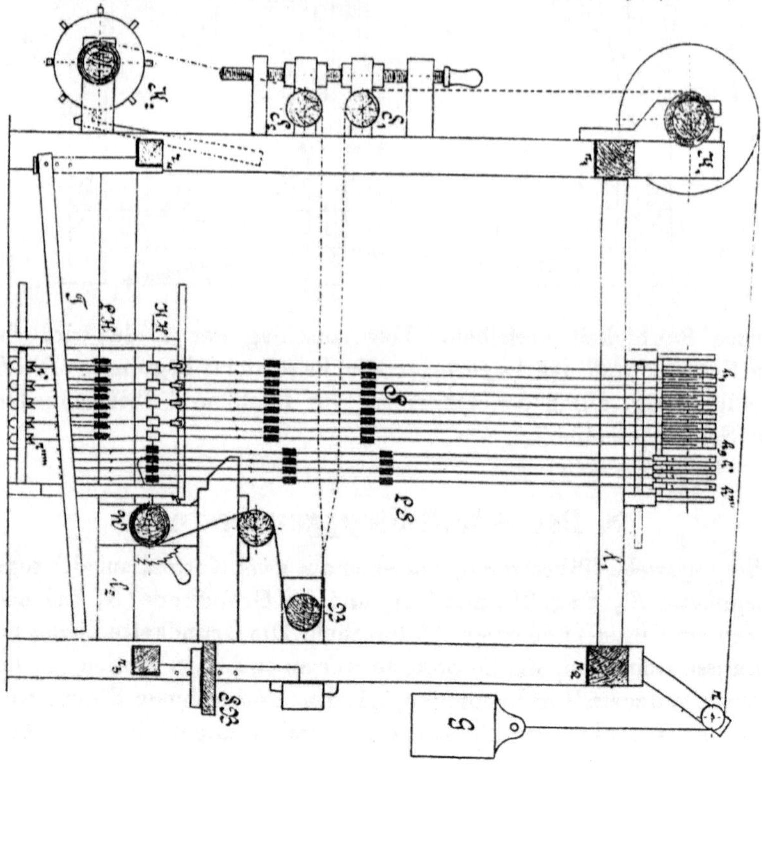

Fig. 214.

des Gewebes, die um so mehr zur Wirkung kommen, wenn dazwischen noch ein Futterschuß eingetragen wird. Die Bindung ist nach Motiv, Fig. 215, in Fig. 216 zu ersehen. *d* gibt die Auseinandersetzung, *b* deren Einzug, *c* die Tretweise und *a* die Schnürung. Die ersten neun Schäfte *S*, Fig. 214, enthalten die **Steppkette** K_2, welche die feste Spannung erhält und über den Streichbaum s_2 in das Werk für Hochfach geht. Die Grundkette K_1 ist nachgiebig gespannt und wird in das Werk *LS* eingezogen, welches in Leinwand bindet und, für Tieffach eingerichtet, sechs bis sieben Zentimeter höher steht. Die Fig. 213 zeigt den Stand bei Fachschluß. Beim Weben wird zunächst ein Figurtritt getreten, welcher über zwei Ober- und einen Unterschuß (eventuell Füllschuß) tief bleibt. Nach Fig. 213 begrenzen die Holzleisten *b'* und *b''* auf der Überlage *Ü* die tiefste, bzw. die höchste Stellung der Schäfte. Den Rückgang der Leinwandschäfte *LS* bringen die Federn *f'*, denjenigen der Schäfte *S* die horizontalen Federn *f''* hervor, welche durch Schnüre über die am Fußboden befindlichen Rollen

Fig. 215.

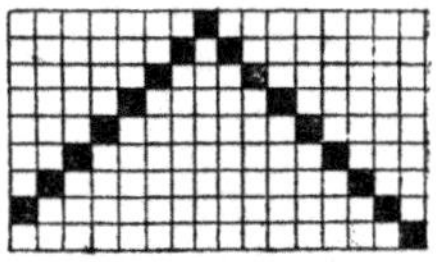

Fig. 216.

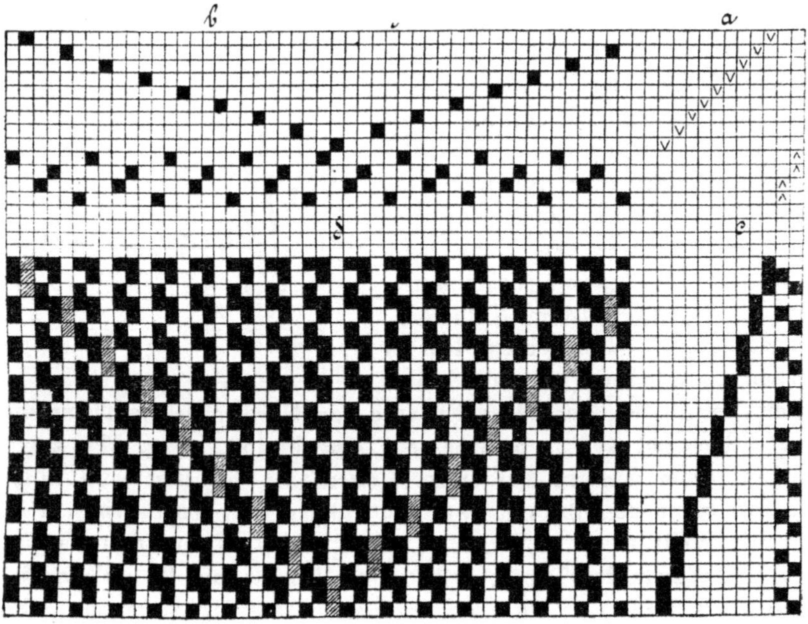

r' bis *r''''*, mit den kurzen einarmigen Hebeln *KH* in Verbindung stehen. Die Steppkette hat gewöhnlich die doppelte Stärke der Grundkette und bisweilen eine auffallende Farbe. Ein etwaiger Füllschuß wird ohne Tritt in die gegebene Fachöffnung beider Ketten eingetragen.

9. Der Knüpfteppichstuhl.

Bei der Herstellung dieser Art von Teppichen bilden die mit der

Fig. 217.

Fig. 218.

Fig. 219.

Fig. 220.

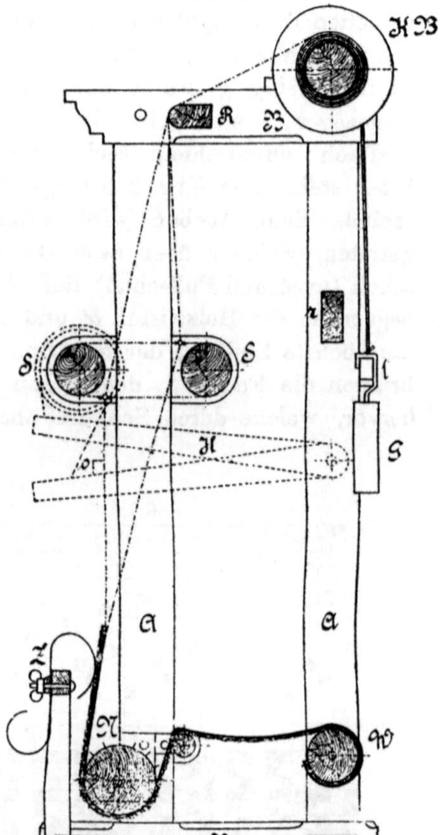

Hand eingeknüpften farbigen Fadenstückchen das besondere Merkmal. Mehrfach gezwirnte starke Wollen-, Baumwollen- oder Seidenfäden bilden die Kette in einer Dichte zirka von 25 bis 100 und mehr Fäden auf 1 *dm* Breite. Nach je zwei Grundschüssen aus starken Wollen- oder Baumwollgarnen (bei europäischen Erzeugnissen vielfach groben Jutegarnen) folgt eine Reihe Schlingen oder Knoten. Das Material zu letzteren sind gezwirnte Schafwollen-, Ziegenhaar-, Kamelhaar- oder auch Seidengarne (bei unseren Nachahmungen zumeist mit Kälberhaaren vermengt) in den verschiedensten Farben natürlicher (bei uns künstlicher) Farbstoffe. Der Florfaden wird den Garnknäueln entnommen, aufgeschnitten und auf mehrfache Art eingeknüpft. Fig. 217 zeigt den Knoten, wenn derselbe auf einem Kettenfaden befestigt wird, Fig. 218 und 219, wenn derselbe mit zwei Kettenfäden verbunden wird. Fig. 220 und 221 stellt einen modernen Knüpfteppichstuhl für Bettvorleger vor. Zum Aufwickeln des Teppichs dient der Warenbaum *W*, welcher an dem einen Ende durch eine Sperrvorrichtung an der Rückbewegung gehindert wird. Ein Gestell *Z*, ähnlich jenem an Kartenschlagmaschinen, hält die Zeichnung. Zum Anschlagen des durch das Schiffchen, um welches der Schußfaden geschlungen wird, eingetragenen Schusses bedient man sich eines schweren guß- oder schmiedeeisernen, in Fig. 222 dargestellten Instrumentes. Zur Leistenbildung werden besondere Schußfadenknäuel um die beiden oder vier letzten Randkettenfäden separat geschlungen. Die Florfäden kann man in Vorrat in der richtigen Länge von zirka 55 *mm* schneiden und in Holzkästchen sortieren. Das Schneiden dieser Fäden

Fig. 221.

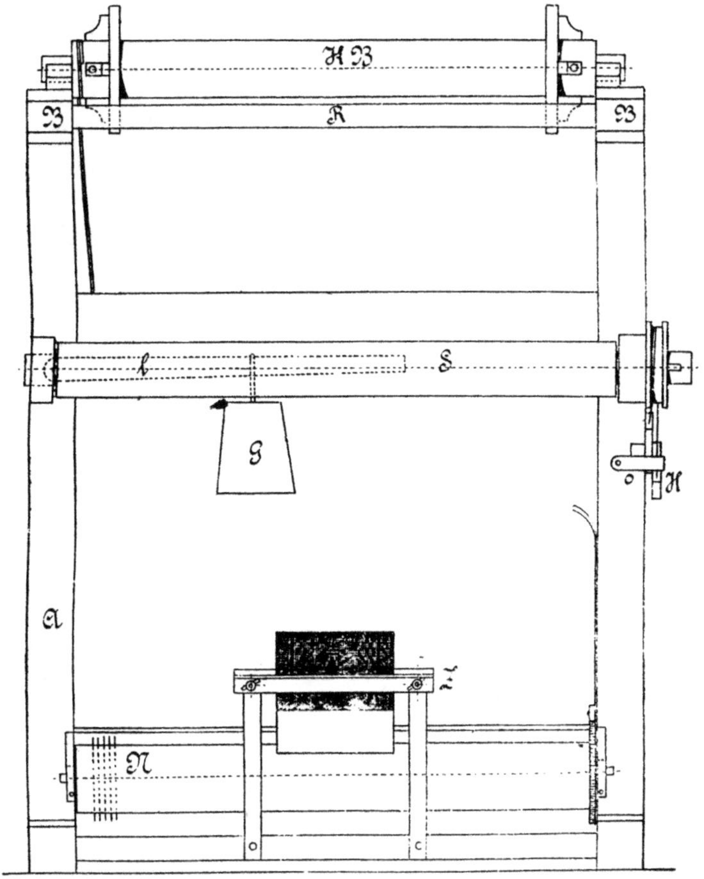

wird am besten in folgender Weise vorgenommen: Man benützt einen Holzzylinder mit einer Längsnut, der einen Umfang von 55 *mm* besitzt, und betreibt diesen mit einem gewöhnlichen Spulrade; nun spult man den Faden auf diesen Holzkörper in Spiralwindungen in nur einer Schichte auf und schneidet in der Nut sämtliche Windungen mit einem scharfen Messer auf.

Fig. 222.

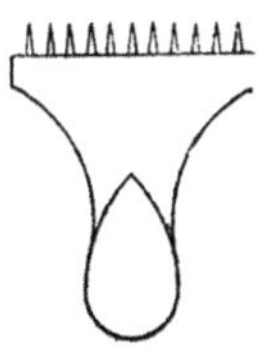

10. Der Gobelinstuhl.

Fig. 223 und 224.

Das Gewebe desselben ist der Bindung nach leinwandartig. Die Musterung wird einzig und allein durch Einweben farbiger Schüsse erzeugt,

Fig. 223.

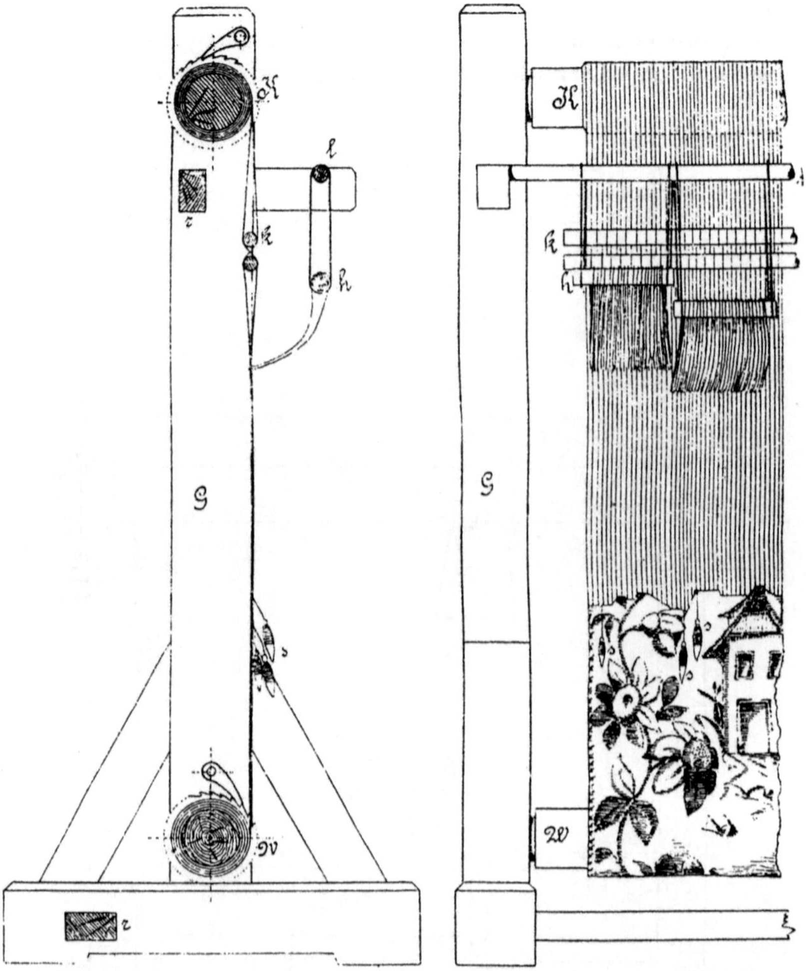

welche frei nach einer Zeichnung eingeflochten werden. Diese Gewebe stellen Landschaften, Porträts, geschichtliche Szenen usw. vor, welche durch den prächtigen Farbenreichtum den Eindruck von Gemälden darbieten und eigentliche künstlerische Erzeugnisse darstellen. Der Schuß ist entweder feiner Kammwollzwirn oder Seidenzwirn; er wird so dicht an die Ware angeschlagen, daß die aus demselben Materiale bestehende Kette vollständig ripsartig verdeckt wird. Der Webstuhl selbst ist der denkbar einfachste und der Schuß wird mittels kleiner Spulen *s* aus freier Hand nach einer hinter der Kette aufgehängten ausgemalten Patrone mit Hilfe der Hautelisse-Vorrichtungen *h*, Fig. 224, in Leinwand verbunden. Es werden immer nur solche Gewebestückchen hergestellt, welche nach

Fig. 224.

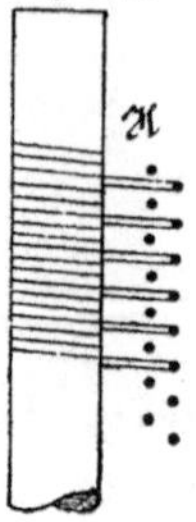

der Patrone gleichartige Farbenschattierung zeigen, ohne den benachbarten Teil zu beachten. Laufen die Konturen in gerader Richtung von oben nach unten, so werden beide Gewebeteilchen durch Einschlingen eines

Fig. 225.

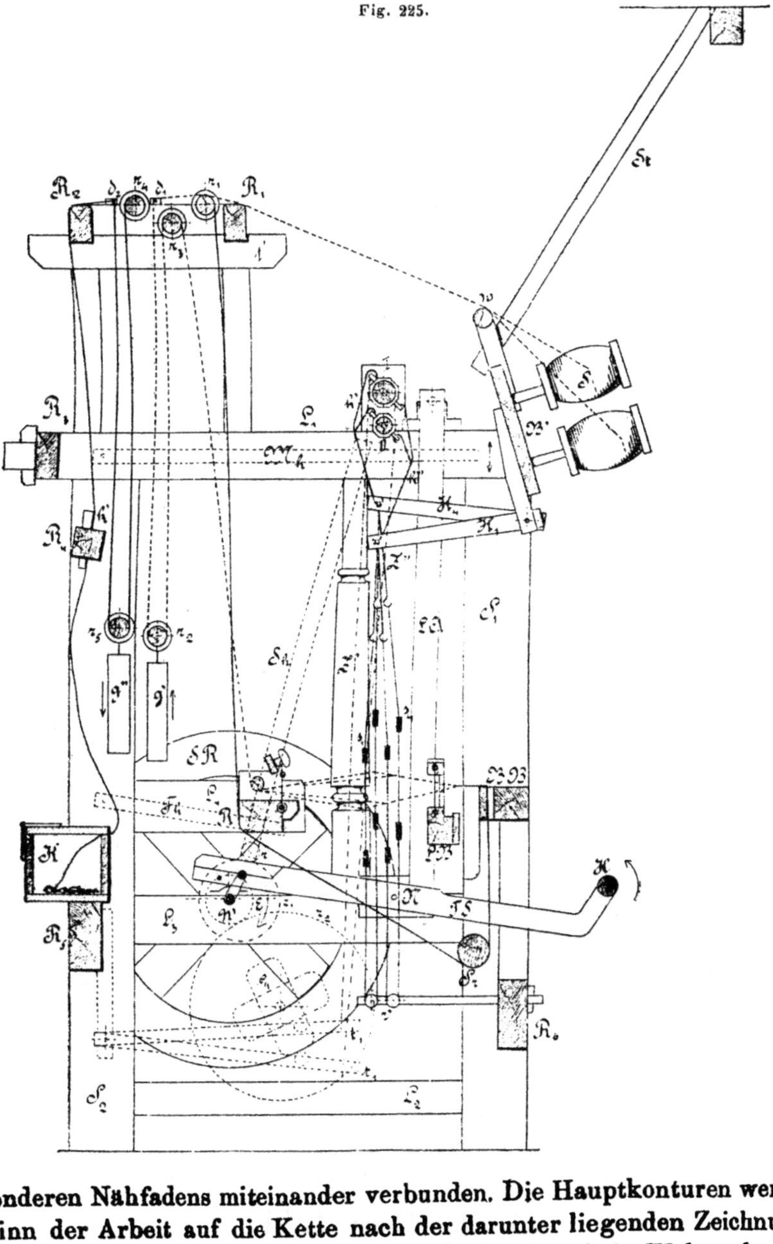

besonderen Nähfadens miteinander verbunden. Die Hauptkonturen werden zu Beginn der Arbeit auf die Kette nach der darunter liegenden Zeichnung mit schwarzer Farbe vorgezeichnet, um so eine Richtschnur beim Weben abzugeben. Das Anschlagen der Schußteile erfolgt mit Gabeln.

Die Einstellung der Kette beträgt zirka 52 Kettenfäden per 1 *dm*. Die sogenannten Scherrebecker, nordischen, Polen- und bosnischen Teppiche zeigen dieselbe Webart, nur ist die Kettendichte bedeutend geringer, z. B. 9 bis 20.

Fig. 226.

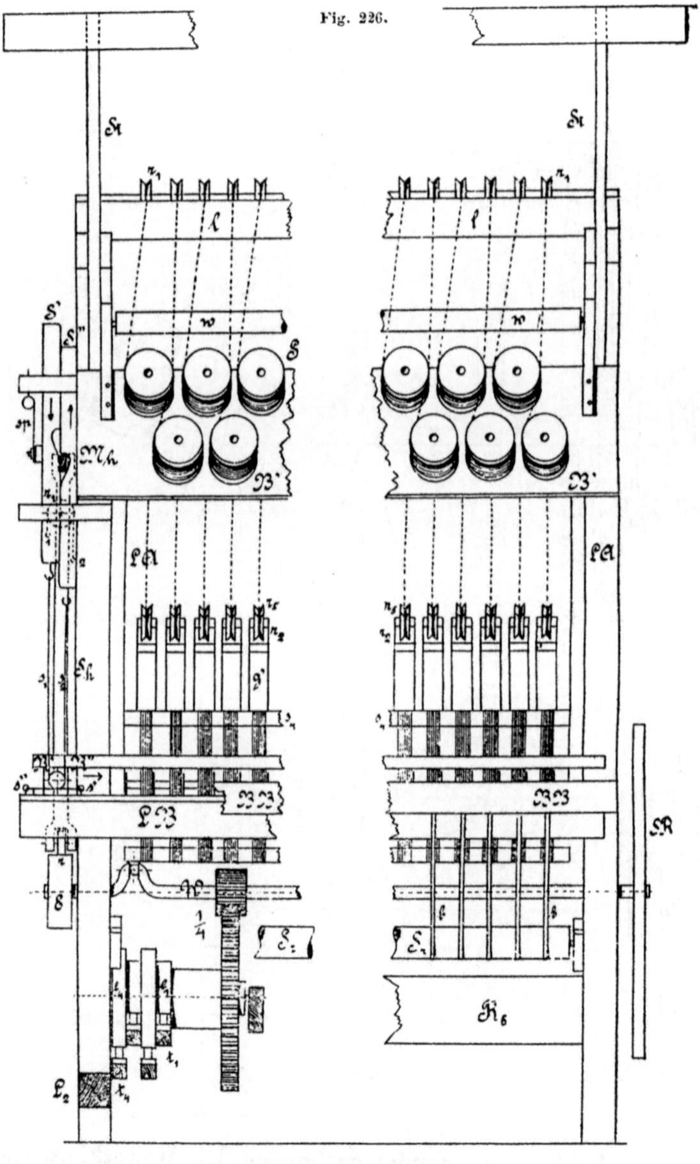

11. Der Bandstuhl.

Fig. 225 und 226.

Derselbe dient zur Herstellung von Bändern in der verschiedensten

Breite in allen sonst verwendbaren Mustern und Garnen der Weberei. Nachdem Bänder Gewebe von sehr geringer Breite vorstellen, wird mit

Fig. 227.

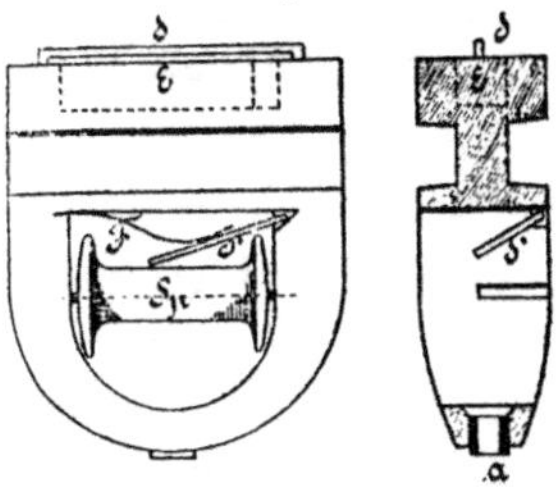

Fig. 228.

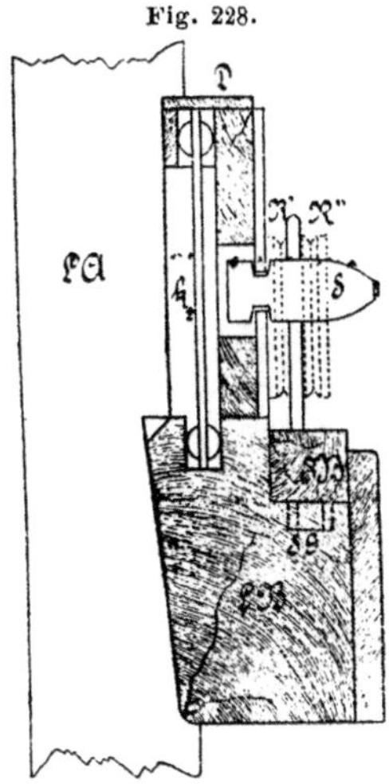

Vorteil eine größere Zahl (— 50) gleichzeitig gewebt. Die technische Einrichtung stellt einen halbmechanischen Webstuhl vor, welcher in allen seinen Mechanismen von einer Antriebsvorrichtung mit der Hand betrieben wird. — Zur Bewegung dieses Stuhles dreht der Arbeiter die Treibstange *TS*, welche die gekröpfte Welle *W* umschließt und links und rechts bei der Stuhlwand im Punkte *N* mit der Lade drehbar verbunden ist. Infolgedessen schwingt die Lade ein und aus. Die gezeichnete Stellung gilt für den Moment des eben eingetragenen Schusses und folgendem Anschlage der Lade. Der Stuhl besteht aus zwei Seitenwänden, welche durch Querriegel verbunden sind. Oben trägt er einen

Fig. 229.

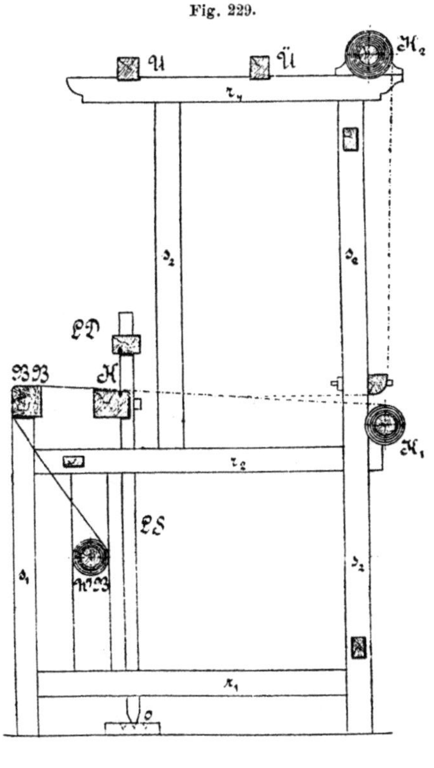

Fig. 230.

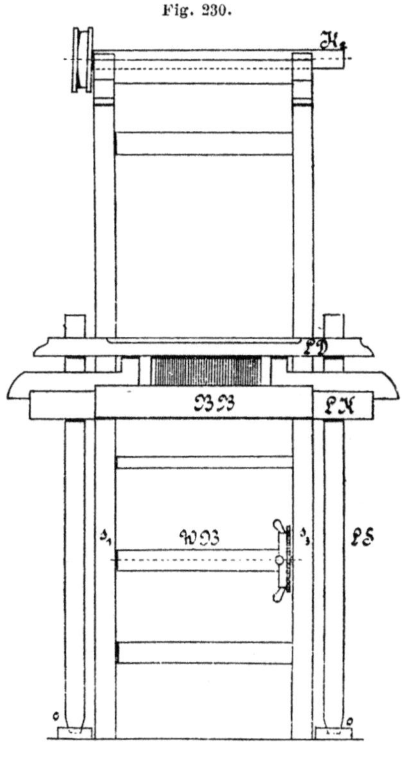

Aufbau zur Lagerung der Führungsrollen. Jede einzelne Bandkette wird auf eine am Spulbrett *B'* festgelagerte Spule gebracht und geht über *w*, R_1, r_1, den Draht d_1, über r_2, r_3 durch einen vorderen Kamm, passiert das Werk s_1—s_4 und den Kamm k_2. Die Ware geht über einen Draht am Brustbaum, *BB*, durch denselben über *Sr*, *R*, r_1, r_4, r_5, d_2, R_2, und wird im Riegel R_4 durch den Keil *k'* festgehalten. Die Spannung der Kette erzeugen die Gewichte *g'* und die Spannung der Ware *g''*. Beim Ladenanschlage sinkt *g''*, während *g'* steigt. Es müssen deshalb von Zeit zu Zeit die Spulen *S* frei gemacht werden, um Kette abzulassen, gezogen vom Gewichte *g'*. Die fertigen Bänder werden periodisch in den Kasten *K* gebracht, indem das Gewicht *g''* dabei aufgezogen wird. Die Fachbildung geht von *W* aus; durch Zahnräder z_1, z_2 werden die Exzenter e_1—e_4 gedreht und diese drücken die Tritte t_1—t_4 nieder, welche durch Zugstangen *Z'* und *Z''* mit den Wellen *I* und *II* verbunden sind. An diesen sind Ösen für die Haken *h' h''* angebracht, die an die Schafthebel H_1—H_4 eingehängt sind. Der Gegenzug erfolgt durch Schnüre über Rollen. Die Lade hat hier den Bau einer Broschierlade, da man 20, 30 bis 50, ja noch mehr Bänder gleichzeitig webt. Die Schütze zeigt Fig. 227 in halber Naturgröße. Im Querschnitt der Lade, Fig. 228, trägt der Ladenbalken

Fig. 231.

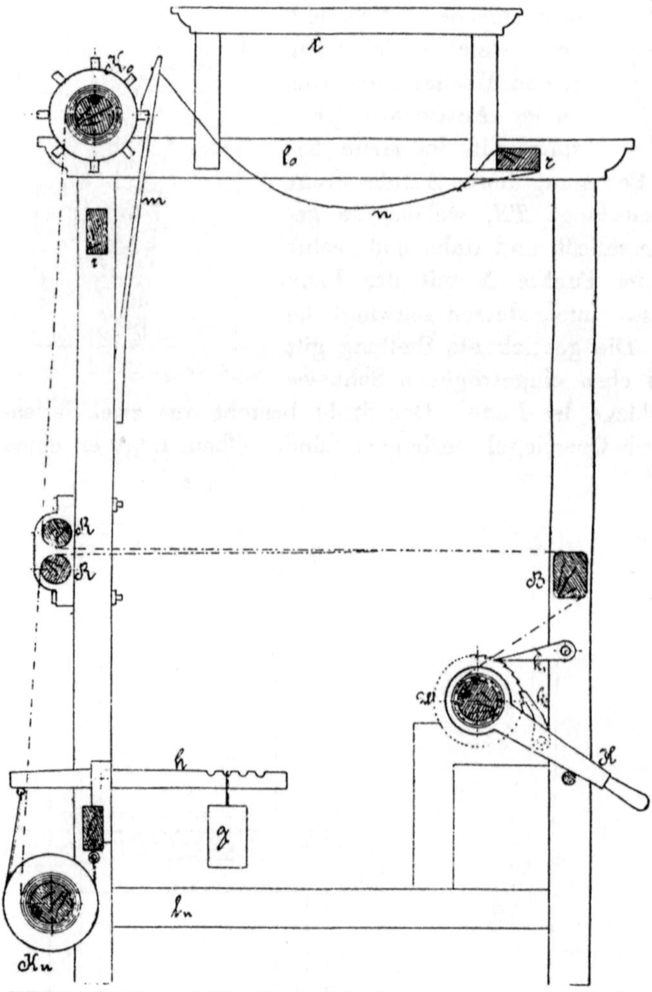

den Kamm k_2 und das Führungsholz für die Schützen, welche durch Feder und Nut hin- und hergleiten können. Das Durchwerfen erfolgt durch eine Stiftlatte *SB*, Fig. 228, welche hin- und herschlägt. Damit die Schütze die notwendige Schnellkraft gewinnt, ist rückwärts das Eisen *E* eingelegt. Die Schützenbewegung geht vom Exzenter *E* aus, Fig. 225 und 226, auf *W*. Auf *E* gleitet die Rolle *r* und stößt den Stoßhebel *Sh* auf und ab. Dieser wird geführt und bewegt den Messerhebel *Mh*, der zwischen zwei Schiebern *S'* und *S''* (Vorderansicht) steht. Die Schieber haben nasenartige Ausschnitte zum Fassen durch den Messerhebel und es wird abwechselnd *S'* mit *S''* und umgekehrt gehoben, da der Gegenzug durch die Rolle r_1, Fig. 226, mit Schnüren 1, 2 erfolgt. Mit diesen Schiebern ist je eine Schnur s_1, s_2 verbunden, die über die Rollen *R'* und *R''* läuft und an der Schraube *s'*, bzw. *s''* des Schützenschiebers befestigt ist. Wird *S'* gehoben, so geht die Schubleiste *SB* nach links, bei der Hebung von *S''* nach rechts.

12. Der Musterstuhl.

Derselbe, in Fig. 229 und 230 im wesentlichen angedeutet, dient der Musterweberei, also zu Versuchen. Das Charakteristische daran ist geringe Tiefe und Breite und die Stehlade. Im übrigen erhält derselbe einen Aufbau zum Tragen einer Schaft- oder Jacquardmaschine auf der Überlage *Ü*.

Auch Fig. 231 zeigt einen Musterstuhl zu verschiedenen Warenproben.

IV. Gruppe:

Anhang.

1. Preisverhältnis für Geräte der Schaftweberei.

Nachstehende Kostenpreise sind den einschlägigen Preiskurants entnommen und im Mittel in Kronen und Heller angegeben.

a) Ein glatter Webstuhl mit einfacher Lade und 78 *cm* innerer Breite kostet	*K*	36·—,
jede 20 *cm* Breite wird berechnet mit	„	9·—,
eine einfache Schnellade kostet	„	12·—,
Im übrigen kostet ein Stuhl mit 110 *cm* innerer Breite und für Wellenvorrichtung	„	54·—,
ein Stuhl mit 110 *cm* innerer Breite und mit Rädchenvorrichtung	„	58·—,
ein Stuhl mit 110 *cm* innerer Breite und mit Gegenzugvorrichtung	„	70·—,
ein Stuhl mit 110 *cm* innerer Breite und mit Schaftmaschineinrichtung	„	86·—,
ein Seidenstuhl mit 110 *cm* innerer Breite mit Taffetvorrichtung	„	84·—,
ein Stuhl mit 120 *cm* innerer Breite für Knüpfteppiche	„	68·—,
b) ein Regulator für einen Seidenstuhl	„	14·—,
c) eine Wechsellade mit 2 Kasten auf jeder Seite . .	„	18·—,
„ „ „ 3 „ „ „ „ . .	„	24·—,
d) Auf- und Niederzugmaschinen mit 24 Platinen bis . .	„	64·—,
e) Schaftmaschine für Hochfach und 3 Wechsel . . .	„	34·—,
f) Schaftkarten-, Schlag- und Kopiermaschine für 20 Platinen	„	220·—,
„ 32 „	„	250·—,
„ 48 „	„	280·—,
g) Handschlagplatte . . . . . . *K* 10·— bis	„	16·—,
h) Handschützen . . . . „ 1·80 „	„	2·80,
Schnellschützen . . . . „ 2·20 „	„	8·—,
i) Einziehhäkchen aus Messing: 15 *cm* lang	„	0·16,
25 „ „	„	0·24,
k) ein Spulrad	„	10·—,
l) ein Schweifrahmen mit Spulengestell	„	44·—,
m) ein Bäumgestell	„	18·—,

n) Schaftwerke zu 100 Helfen (Zwirnhelfen):

Sprunghöhe	$^{30}/_{12}$	$^{36}/_{12}$	$^{40}/_{12}$	$^{50}/_{12}$	$^{60}/_{12}$	$^{70}/_{12}$	$^{80}/_{12}$	$^{90}/_{12}$	$^{100}/_{12}$	$^{120}/_{12}$fach Zwirn
20 *cm*	18	17	16	12·5	14·1	13·2	14·3	14·7	15·4	15·4 *h*
21 „	18·3	17·2	16·2	15·2	14·2	14·5	14·5	15	15	15 „
25 „	18·5	17·4	17·4	16·5	15·8	15·8	16	16	15·8	16 „
30 „	22·4	20	20·2	19	18·5	18·5	20·9	19	17·6	18 „
32 „	22·6	22·4	21·6	20·5	19·8	19·8	19·8	20	21	19·8 „

Mehrschäftige Schaftwerke, die aus mehr als vier Schäften bestehen, mit Einzug geradedurch, werden zu 100 Helfen um 0·25 *h* höher gerechnet.

o) Werke mit Draht- oder Stahlaugen:

Sprunghöhe	$^{30}/_{12}$	$^{36}/_{12}$	$^{40}/_{12}$	$^{50}/_{12}$	$^{60}/_{12}$fach Zwirn
23 *cm*	28	27·5	26·6	26	25·5 *h*
25 „	29	28·4	26·8	27	26·4 „
26 „	29·7	30	28	26·5	27·7 „
27 „	30·4	30·2	28·6	28	27·7 „
28 „	31	30·4	28·8	28·8	28 „
29 „	31·9	31	30	29·5	28·2 „
30 „	32·8	31·9	30·6	30	29·5 „
31 „	33·4	32·6	31	30·6	29·9 „
32 „	34·4	33·4	30·8	31	30·8 „

Dieselben Schaftwerke, bei den Augen mit Knoten gebunden, werden um 20% höher gerechnet; dieselben Werke mit Messingaugen werden zu 100 Helfen um 3·3 *h* teurer berechnet.

p) Musterschaftwerke mit Zwirn $^{50}/_{12}$fach und gemustertem Einzug und 100 Helfen:

5 schäftige	23 *h*	11 schäftige	28·4 *h*	17 schäftige	32 *h*
6 „	24 „	12 „	29 „	18 „	32·2 „
7 „	25 „	13 „	30 „	19 „	32·5 „
8 „	26 „	14 „	30·2 „	20 „	32·7 „
9 „	26·5 „	15 „	30·6 „	usw.	
10 „	27·5 „	16 „	31 „		

q) Gefirnißte Zwirne zum Ausbessern der Schaftwerke:

$^{50}/_{12}$ à *kg* *K* 8·—
$^{40}/_{12}$ „ „ „ 8·—
$^{36}/_{12}$ „ „ „ 7·50.

r) Schaftwerke mit 27 *cm* Sprunghöhe von $^{50}/_{12}$ zu 100 Helfen 0·9 *h* teurer,

„	„	„	„	„	$^{50}/_{18}$	„	„	„	2·2 „	„
„	„	„	„	„	$^{40}/_{15}$	„	„	„	1·1 „	„
„	„	„	„	„	$^{40}/_{18}$	„	„	„	3·1 „	„
„	„	„	„	„	$^{36}/_{15}$	„	„	„	1·4 „	„
„	„	„	„	„	$^{36}/_{18}$	„	„	„	3·5 „	„
„	„	„	„	„	$^{30}/_{15}$	„	„	„	1·8 „	„
„	„	„	„	„	$^{30}/_{18}$	„	„	„	4·5 „	„

s) Holzstäbe zu 1 Satz = 8 Stück:

53 *cm*	lang	31 *h*	137 *cm*	lang	70 *h*	200 *cm*	lang	158 *h*
61 „	„	34 „	142 „	„	74 „	206 „	„	166 „
69 „	„	37 „	148 „	„	78 „	211 „	„	174 „
76 „	„	40 „	150 „	„	82 „	216 „	„	182 „
82 „	„	43 „	153 „	„	88 „	222 „	„	192 „
91 „	„	46 „	158 „	„	94 „	226 „	„	202 „
97 „	„	49 „	163 „	„	102 „	232 „	„	212 „
105 „	„	52 „	168 „	„	110 „	237 „	„	222 „
110 „	„	55 „	174 „	„	118 „	242 „	„	232 „
116 „	„	58 „	179 „	„	126 „	248 „	„	242 „
121 „	„	61 „	184 „	„	134 „	253 „	„	252 „
126 „	„	64 „	190 „	„	142 „	258 „	„	262 „
132 „	„	67 „	195 „	„	150 „	263 „	„	272 „

Holzstäbe für Juteschaftwerke kosten das Doppelte.

t) Webekämme (Stahl) für Baumwolle, Leinen und für die Tuchweberei:

			für je 100 Zahn in Pech	in Zinn gebunden
105 *mm* Sprunghöhe	2 Zahn	in 1 *cm*	60·7	74·4
„	3 „	„ 1 „	53·5	66
„	4 „	„ 1 „	46·9	60
„	5 „	„ 1 „	44·5	53·4
„	6 „	„ 1 „	41	49
„	7 „	„ 1 „	37·6	50
„	8 „	„ 1 „	36·3	45
„	9 „	„ 1 „	34·2	43
„	10 „	„ 1 „	32·4	41
„	11 „	„ 1 „	31	39
„	12 „	„ 1 „	30	37·8
„	13—17 „	„ 1 „	29·5	37
„	18—20 „	„ 1 „	30·2	37·8
„	21—25 „	„ 1 „	29·5	37·4
„	26—28 „	„ 1 „	30·6	39·4
„	29—30 „	„ 1 „	33·2	42·7

5 *mm* höhere Sprunghöhe um 1·2 *h* teurer zu 100 Zähne,
10 „ „ „ „ 1·6 „ „ „ 100 „
Kämme mit 3 *mm* breiten Zähnen sind um 30 % teurer,
„ „ 3·5 „ „ „ „ „ 35 % „
„ „ 4 „ „ „ „ „ 40 % „
„ „ Messingzähnen nach obigen Preisen um 40 % teurer,
„ für Seide 10 bis 20 % höher.

Kämme für Jute für je 100 Zähne:

5 Zähne in 1 '' engl. (1 '' e = 25·4 *mm*)	175 *h*	264 *h*
6 „ „ 1 „	154 „	242 „
7 „ „ 1 „	143 „	231 „
8 „ „ 1 „	132 „	220 „

Aus Stahl: 15 *cm* lang 12 *h*
25 „ „ 19 „

u) Schiebehelfen mit Draht oder Stahlaugen $^{50}/_{12}$fach Zwirn:

Sprunghöhe	für je 100 Helfen	Sprunghöhe	für je 100 Helfen
20 *cm*	36·6 *h*	31 *cm*	41·4 *h*
21 „	37 „	32 „	41·8 „
22 „	37·4 „	33 „	42·6 „
23 „	38 „	34 „	43·2 „
24 „	38·4 „	35 „	43·8 „
25 „	38·8 „	36 „	44·6 „
26 „	39·2 „	37 „	45·2 „
27 „	39·6 „	38 „	45·8 „
28 „	40 „	39 „	46·6 „
29 „	40·6 „	40 „	47·6 „
30 „	41		

Dieselben Schiebehelfen ohne Metallaugen sind für je 100 um 3·5 *h* billiger. Dieselben mit Messingaugen für je 100 um 3·5 *h* teurer.

Anmerkung. Firmen für **Webereigeräte** und **Bedarfsartikel** sind für **Schaftmaschinen:** G. Pfitzner, W. Schramm, in Wien; Aug. Fröbel in Chemnitz; H. Gentsch in Glauchau; für **Kämme, Helfen usw.:** Ig. Hornych & Söhne in Lomnitz i. B.; Josef Biehlers Nachfolger, Arnold Schwarz & Co. in Brünn; Gagstädter & Sohn in Chemnitz; Jakob Frey in M. Schönberg; J. Pfenningers Söhne in Grünwald bei Gablonz i. B.; Franz Deutsch und A. Möbus in Jägerndorf; Grob u. Co. in Horgen in der Schweiz; J. Just & Co. in Chemnitz; Oskar Dathe & Co. in Hartha in S. Für **Schützen:** Paul Rucker in Elberfeld; F. Zeidlers Nachfolger Adolf Klose in Mähr. Schönberg. Für alle Arten von **Handwebstühlen** (auch nach Zeichnung): Johann Schmachtl in M. Schönberg.

Berechnung des Kostenpreises vollständiger Webstuhleinrichtungen.

1. Als Beispiel diene eine Leinenware von 44 *m* Länge (zwei Stück) und 78 *cm* Breite. Bei der Dekomposition dieses Stoffes ergibt sich eine Dichte von 19 Kettenfäden zu 1 *cm*, also 1450 Kettenfäden über die ganze Breite, mithin 4 Schäfte mit 1452 Helfen und 88 *cm* Einstellungsbreite, ferner ein Kamm mit 725 Zähnen als die für die Berechnung des Stuhles notwendigen Daten.

Nach *a*) kostet ein glatter Stuhl zu 78 *cm* Stuhlbreite *K* 36·—, und 2 × 20 *cm* = 40 *cm* mehr für (Mehrbedarf) samt Bäumen und Wellenvorrichtung = 2 × 9 *K* . . . . . . *K* 18·—,

nach *n)* kostet ein 4schäftiges Werk ohne Holzstäbe mit 20 *cm* Sprunghöhe und $^{36}/_{12}$fachem Helfenzwirn zu 100 Helfen 17 *h*; demnach 1452 Helfen = $\frac{1452}{100} \times 17\ h$ . . . . . „ 2·47,

nach *s)* kostet 1 Satz Holzstäbe, 97 *cm* lang . . . . . „ —·49,

nach *t)* kostet ein Stahlkamm, gepicht für 725 Zähne, 105 *mm* hoch und 9 Zähne in 1 *cm* = 7·25 × 34·2 *h* . . . . „ 2·48,

in Summa *K* 59·44

als Gesamtkostenpreis für obige Stuhlvorrichtung ohne Montierungsspesen, Schütze, Material usw.

2. Eine andere Ware (Kleiderstoff) mit 2 Ketten ergibt z. B. bei der Dekomposition 32·5 Kettendichte, 33 Schußdichte und 98 *cm* Warenbreite. Die erste Kette verlangt: 976 Faden, die zweite: 2206 Faden, die Bindung: 12 Schäfte 105 *cm* breit mit gemustertem Einzuge, der Kamm 1591 Zähne auf 105 *cm*, die Fachbildung: eine Schaftmaschine für Hochfach.

Nach *a)* kostet ein Stuhl für Schaftmaschinvorrichtung . *K* 86·—,

nach *e)* kostet eine Schaftmaschine für Hochfach . . . . „ 34·—,

nach *p)* kostet das Schaftwerk für 3182 Helfen zu 100 Helfen 29·— *h*; also $\frac{3182}{100} \times 29\ h$ . . . . „ 9·23,

nach *s)* kosten 3 Satz Holzstäbe 116 *cm* lang, 3 × 58 *h* . „ 1·74,

nach *t)* kostet ein Stahlkamm in Zinn 105 *cm* breit und 1591 Zähne, 15 in 1 *cm* 37 *h*, mithin $\frac{1591}{100} \times 37\ h$ . . . . „ 5·87,

52 Schaftmaschinkarten . . . . „ 1·04,

in Summa *K* 137·88

ohne Montierungsspesen, Schütze, Material usw.

3. Ein Seidenstoff (glatt geköpert), 46 *cm* breit, 124 Kettendichte, 96 Schußdichte, verlangt 5824 Kettenfäden mit 2912 Helfen (1 Helfe 2 Faden), 8 Schäfte, geraden Einzug, ein Kamm 48 *cm* breit mit 1456 Zähnen.

Nach *a)* kostet ein glatter Seidenstuhl inklusive Kontremarsch und Regulator . . . . *K* 84·—

nach *n)* kostet das Schaftwerk mit 2912 Helfen 25 *cm* Sprung, $^{90}/_{12}$fachem Zwirn, zu 100 Helfen 16 *h*; $\frac{2912}{100} \times 16 =$ = *K* 4·32 + 29 × 0·2 *h* = ... „ 4·66,

nach *s)* kosten 2 Satz Holzstäbe 53 *cm* lang = 2 × 31 . . „ —·62,

nach *t)* kostet ein Stahlkamm 30 Zähne zu 1 *cm* 14·56 × 42·7 = = *K* 6·22, für Seide 15 % mehr + 0·93 . . . . . „ 7·15

in Summa *K* 96·43.

ohne Schützen, Material, Montierung usw.

2. Nomenklatur*).

Beitrag zur Erzielung einer gleichen Bezeichnungsweise webereitechnischer Gegenstände.

Es soll künftig heißen:

Bindepunkt (für einmaliges Abbinden eines Schußfadens durch einen Kettenfaden oder umgekehrt) . . .	statt:	Binde- oder Bundauge.
Bogenschnur (Schnur am unteren Schaftstab, diesen mit den kurzen Hebeln verbindend).		
Borte, Lang- und Querborte (z. B. eines Tuches)	statt:	Randform, Bordur.
Breithalter, Spannstäbe . .	„	Sperrute, Spannstock, Tempel.
Gegenzug, auch Auf- und Niederzugsvorrichtung	statt:	Reine Schnürung, Kontremarsch.
Drücker	„	Krücke.
Einziehen	„	Einreihen, Passieren.
Einzug (Grad-, Spitz-, Sprung-, unterbrochener, mehrwerkiger Einzug).		
Endleiste	statt:	Salleiste, Rand, Saumleiste, Saum, Cordoni.
Fach (Hoch-, Tief- oder Ober-, Unterfach)	statt:	Sprung, Ober- und Untergelese.
Flottieren der Faden (freiliegende Schuß- oder Kettenfaden) . . .	statt:	Liceré (starkes Flottieren).
Gegengewicht	„	Kontregewicht.
Gemusterte Gewebe	„	Figurierte, dessinierte, fassonnierte Gewebe.
Gewebebild (bildliche Darstellung der Bindung).		
Grund, z. B. einer Decke . .	statt:	Mitte, Fond, Boden.
Hebelhalter	„	Wägelhalter.
Helfen (Helfenauge, Maillon) .	„	Litzen, Mayern.
Jacquard	„	Jaquard.
Kamm	„	Blatt, Riet.
Kammstechen	„	Blattstechen.
Kartenlauf	„	Karten-Mustersteig.
Kette (Figur-, Binde- [statt Liegekette], Grundkette)	statt:	Zettel, Werfte.
Kettenbaum	„	Garnbaum.

*) Siehe Normal-Lehrplan und Instruktion für den technologischen Unterricht an k. k. Webeschulen.

Kettenspulen	statt:	Pfeifen.
Köper (Hauptgruppe: Grundbindung. Abgeleitete Bindungen: Gleichseitiger Köper, mehrgratiger Köper, Köper mit verstärktem Grate, zusammengesetzte Köper, gebrochene Köper, Schlangenköper, Kreuzköper)	statt:	Keper, Diagonal usw.
Kreuz- oder Schaftschnur (Schnüre, welche die zweiarmigen Hebel mit den Schäften verbinden).		
Kurze einarmige Hebel . .	statt:	Kurze Wägel, Quertritte.
Lade (Hand-, Schnell-, Wechsel-, Broschierlade usw.)	statt:	Schlag
Längertuch	„	Linder-, Untertuch.
Langer einarmiger Hebel . .	„	Langes Wägel, Quertritt.
Leinwand, beziehungsweise Tuchbindung, Tafft (Hauptgruppe: Grundbindung. Ableitungen: mehrfädige, mehrschüssige, mehrfädige und mehrschüssige und zusammengesetzte Leinwandbindung)	statt:	Kattunbindung, Canalé, Gros de Tour usw.
Lesen	„	Levieren.
Linienpapier	„	Carta rigata, Tupfpapier.
Muster und Rapport (für die Gesamtzahl der zu einer Bindung oder Figur erforderlichen Fäden)	statt:	Kurs, Chemin.
Musterauszählen	„	-trennen, -aussetzen, -absetzen.
Patrone	„	Musterzeichnung, Linienpapierzeichnung, Dessin.
Platinenboden	„	-brett, Maschinenboden.
Presse (Rolle, Bahn)	„	Schlange.
Prisma	„	Jacquardzylinder.
Quadrate (große oder Fünfer-Quadrate und kleine. Letztere zerfallen in die einzelnen Linien)	statt:	Große, bzw. kleine Chenie (Schönie).
Querlatte (unterhalb der Schäfte)	„	Unterstab.
Reihkamm	„	Rietkamm, Öffner.
Riegel, Längs-, Querriegel (Teile des Stuhlgestelles).		
Rollenzug, Klobenzug.		
Rutschgewicht	statt:	Schnellgewicht.
Schaft	„	Litze, Kamm, Flügel, Wand.

Schaftmaschine	statt:	Litz-, Tritt- usw. Maschine.
Schaftweberei	„	Tritt-, Kammweberei, Fußarbeit.
Schnürung (Verbindung der Hebel und Tritte miteinander und mit den Schäften behufs Schaftbewegung).		
Schuß (Grund-, Figur-, Binde-, Lanzier-, Broschier-, Futter-, Füll-, Schneid-, Rippenschuß)	statt:	Eintrag, Einschlag.
Schußspulen	„	Spielen, Ledige.
Schütze (Hand-, Schnell- usw. Schütze)	„	Schiffchen.
Schweifen	„	Scheren.
Sprung (Höhe des Faches und des Kammes).		
Streichbaum	statt:	Streichriegel, Streifriegel.
Tretweise oder Trittfolge . .	„	Trittweise.
Überlage	„	Oberlage.
Vierbindiger gebrochener Köper	„	Vierbindiger Atlas.
Vorderschäfte, bzw. auch Vorderwerk	„	Vorderzeug.
Vorrichtung	„	Einrichtung.
Vorrichtung für Aufzug . .	„	Stehender Kontremarsch.
Vorrichtung für Niederzug .	„	Hohler Kontremarsch.
Warenbaum	„	Zeugbaum, Vorderbaum.
Wendehaken	„	Hunde.
Werk, d. i. Zusammensetzung mehrerer Schäfte für eine bestimmte Leistung	statt:	Geschirr, Zeug.
Zahn	„	Rohr.
Zweiarmiger Hebel	„	Wippe, Oberwägel, Obertritt, Tümler.
Zwillichgewebe, -bindung . .	„	Schachwitz-, Stein-, Damenbrettgewebe, bzw. -bindung.
Zwischenhebel (d. i. die in der Überlage, unterhalb der zweiarmigen Hebel angebrachten Hebel) . . .	statt:	Gegenhebel.

3. Sachregister.

A.

Abbindung 56.
Ablassen 42.
Abnehmen der Kette 20.
Abrollspule 33, 34.
Anders bindend 56.
Andrehen 33.
Anfeuchten 23, 35.
Anknüpfen 33.
Anlängern 33.
Anschlagen 36, 91.
Anschnellen 33.
Anschnürungspunkt 56.
Atlasbindung 57.
Aufbäumen 23.
Aufbäumgestell 25.
Aufstecken 14.
Auf- u. Niederzugmaschine 77.
Aufzug 56, 57.
Ausknüpfspule 33.
Ausquetschen 23.

B.

Bandstuhl 108.
Bauart 36.
Bauchig 5.
Baum 24.
Baumscheiben 25.
Baumwollstuhl 37, 94.
Beiderseitsrecht 3.
Berechnung des Kammes 31.
Bindend 56.
Bindepunkt 56.
Bindung 56.
Bindungsfehler 32.
Bindungslehre 58.
Bindungsrapport 56.
Bobinetstoffe 2.
Breiter Stuhl 36.
Breithalten 46.
Brustbaum 36, 46.
Bügelschütze 83.

D.

Damaststuhl 37.
Deckel 74.
Dekomposition 58.
Doppelarmiger Hebel 62.
Dreherhelfe 52.
Drücker 71.
Dübel 74.
Dublieren 35.
Dünne und dicke Stellen 5.
Durchschlageisen 74.

E.

Einfallen 55.
Einlesen 22.
Einschießen 83.
Einziehen 26.
Einziehgestell 27.
Einziehhäkchen 26.
Einzug, geradedurch 29, 56.
„ spitz 29.
„ mehrteilig, spitz 29.
„ spitz, wiederholend 29.
„ sprungweise 29.
„ mehrwerkig 29.
„ satzweise 29.
„ gemustert 29.
„ kompliziert 29.
Einzugsrapport 30.
Expansionskamm 24.

F.

Fach 36, 52.
Fachbildung 58.
Fachhelfen 52.
Fachöffnung 51.
Fachschließen 55.
Fachschluß 55.
Fadenkreuz 15.
Fadenzähler 33.
Fädigkeit 31.
Falcon 2.
Fallkasten 87.
Federkasten 72.
Feste Spannung 42.
Figursamtstühle 41.
Fitzschnur 20.
Flechtwerk 1.
Flocken 5.
Frottierwarenstuhl 39, 100.

G.

Gang 10.
Ganghöhe 6.
Gangkreuz 15.
Garnhaspel 5.
Garnmaterialberechnung 11.
Garnscheiben 25.
Gegengewichtsspannung 44.
Gegenzug 63.
Gegenzug für Hochfach 62.
Gegenzug für Tieffach 63.
„ „ Hoch- und Tieffach 64.
„ „ Hoch-, Tief- u. Stehfach 65.
„ mit Rollen 67.
Gegenzugstuhl f. Seide 97.
Gekettelt 20.
Geschlossenes Fach 55.
Gestricktes Werk 51.
Gewebe 2.
Gewebe zur Bekleidung 3.
„ „ Ausschmückung 3.
„ für techn. Zwecke 3.
Glasring 14.
Gleichbindend 56.
Gobelinstuhl 105.
Grundbindung 57.
Grundkette 100.

H.

Halbe Helfen 52.
Hals 25.
Handbreithalter 46.
Handlade 84.
Handleimmaschine 23.
Handrad 47.
Handschütze 34, 83.
Handspritze 35.
Handstuhl 35.
Hängelade 84.
Hautelisse-Vorrichtung 104.
Hebel - Gegenzugvorrichtung 62.
Hebelzug 60.
Helfe 27, 56.
Helfe für Aufzug 52.
Helfe für Niederzug 52.
Helfenauge 51.
Helfenberechnung 29.
Helfenschnur 51.
Helfenspalter 92.
Helfenzahl 30.
Hochfach 53.
Hoch- und Tieffach 53.
Holzspule 5.
Hubkasten 87.

J.

Jacquard 2.
Jacquardstuhl 37.

K.

Kamm 36, 91.
Kammbreite 32, 91.
Kammdichte 32, 91.
Kammeinstellung 25.
Kammesser 31.
Kammsprung 91.
Kammstechen 31.
Karte 71.
Kartenlauf 74.
Kartenschlagen 72.
Kette 3.
Kette gelegt 20.
Kettenbaum 36.
Kettenbaumbreite 24.
Kettendichte 11.
Kettengewicht 13.
Kettenteiler 92.
Kettrecht 3.
Kettfolgerichtung 56.
Kettspulen 5.
Kettspulrad 5.
Klinke 42.
Klobenzug 59.
Klöppelei 2.
Knäuel gewickelt 20.
Knoten 5.
Knüpfteppichstuhl 41, 104.
Kontinuierlich 48.
Konus 35.
Kopftreten 55.
Kops 7.
Köperbindung 57.
Kreuznagel 15.
Kreuzschiene 21, 36.
Kreuzschnur 20.
Kulisse 71.
Kurzer Hebel 64.
Kurzer Stuhl 36.

L.

Lade 36, 84.
Ladenarm 84.
Ladenbahn 84.
Ladendeckel 92.
Ladenklotz 84.
Lanzierlade 89.
Langer Hebel 62.
Längsfurchen 32.
Längsriegel 35.
Laterne 72.
Leichter Stuhl 36.
Leimen 22.
Leinenstuhl 37, 93.
Leinwand 93.
Leinwandbindung 57.
Leinwandmaschine 2.
Leitprisma 75.
Lesebrett 14.
Lesekamm 20.
Linienpapier 56.
Lockerlaufen 10.

M.

Maschinenbock 70.
Maschinenhebel 69.
Maschinentritt 69.
Matrize 74.
Messer 69.
Messerkasten 70.
Musterketten 18.
Musterkettenschweifgestell 17.
Musterstuhl 111.

N.

Nachgiebige Spannung 43, 45.
Nadel 72.
Nadelbaum 40.
Nadelbrett 72.
Niederzug 54, 56.
Niederzugmaschine 75.

O.

Oberfach 53.
Oberhelfen 51.

P.

Panson 2.
Papierkarten 72.
Peitsche 85.
Periodisch 47.
Platine 68.
Platinenboden 70.
Platinenkopf 70.
Polkettenfadenspule 41.
Polkettenfadengestell 43.
Porzellanaugen 14.
Preßrolle 71.
Prisma 69, 70.
Prismalade 70.

Q.

Querlatte 36.
Querriegel 35.

R.

Rapportieren 56.
Reihkamm 24.
Reines Fach 54.
Regulator 48.
Relative Gewichtsmenge 13.
„ Strähnmenge 12.
Reste 9.
Rispelkamm 20.
Rollenzug 59.
Rollengegenzug 66.
Rollenvorrichtung 58.
Rollenzugsstuhl 96.
Rollspule 34.
Rückentreten 55.
Rumoren 30.

S.

Sack, in den, hängen 53.
Schaft 36, 51, 54.
Schafteinstellung 25.
Schafthöhe 51.
Schaftmaschinen 68, 70.
Schaftmaschine f. Hochfach 70.
Schaftmaschine f. Tieffach 75.
Schaftmaschine für Hoch- und Tieffach 76.
Schaftmaschine für Hoch-, Tief- und Stehfach 81.
Schaftstab 51.
Schaftmaschinstuhl 37, 98.
Schaft-Steppgewebestuhl 101.
Schaftwechsel 55.
Schaftziehen 33.
Schaftzugvorrichtung 51.
Schalten 47.
Schalthebel 43.
Schiebehelfen 51.
Schiebekästen 87.
Schießen 83.
Schlag 34.
Schlagpatrone 73.
Schlagplatte 74.
Schlechte Andreher 5.
Schlechte Knoten 5.
Schleifen 5.
Schleifelhalter 6.
Schleifspule 34, 83.
Schlichtbürsten 21.
Schlichte 21.
Schlichten 20, 21.
Schlingen 5.
Schmaler Stuhl 36.
Schmitze 15, 16.
Schnellade 84.
Schnellschütze 34, 83.
Schnürung 56.
Schrägfach 54.
Schränken 16.
Schrankholz 9.
Schranknägel 15.
Schraubenregulator 50.
Schuß 3, 34.
Schußrecht 3.
Schußfolgerichtung 56.
Schußspulen 34.
Schußwechsel 36.
Schütze 36 83.
Schützenauge 83.
Schützenkasten 84.
Schützenwechsel 87, 89.
Schützenwechselrapport 89
Schweifen 5, 9.
Schweiflatte 9.
Schweiflänge 12.
Schweifmühle 18.
Schweifrahmen 9.
Schweifstock 9.
Schwerer Stuhl 36.
Schwingbaum 84.
Schwingkästen 87.

Seidenstock 20.
Seidenstuhl für Taffet 37, 95.
Seilbremse 43.
Selbstschlag 92.
Sitzbank 37.
Spadieren 95.
Spannen 40.
Spannung weich 43.
„ elastisch 43.
Spannstab 36, 46.
Spannwalze 46.
Sperrad 42.
Sperrklinke 43.
Spickbürste 21.
Spiralfederchen 72.
Spitzenstoffe 2.
Spulen 36.
Spulrad 34.
Stehfach 65.
Stehlade 84.
Steigkasten 87.
Stempel 74.
Steppgewebestuhl 101.
Steppkette 103.
Stoff 2.
Stoffe gewirkte 2.
Stoß- u. Hochsprungmaschine 2.
Strahnzahl, relative 12.
Strang 21.
Strang, Schlichten im 21.
Strähnteile 11
Streichbaum 36, 45.
Streichriegel 45
Streifen 32.
Stuhlwand 35.
Stuhlsäule 35.
Stürzen 16.

T.

Teppichstuhl 39.
Tiefer Stuhl 36.
Tieffach 53.
Trage 70.
Treiber 84.
Treibervorrichtung 83.
Treibrad 5.
Tretweise 56.
Tritt 36, 55.
Trittfolge 56.
Trittwebstuhl 37.
Trockenfächer 21.
Trommelmaschine 2.
Tuchstuhl 37.

U.

Überlage 36, 59.
Ungleichbindend 56.
Unterfach 53.
Unterhelfen 51.
Unreines Fach 54.

V.

Vaucanson 2.
Velourteppichstuhl 41.
Verbrauchslänge 11, 12.
Verkreuzen 48.
Verkreuzung 2.
Verreiber 33.
Verrier de 2.
Verstellbares Nadelbrett 79.
Vierkant 71.
Volles Fach 53.
Vorbereitungsarbeiten 5, 34.
Vorderwerk 38.

W.

Waldhör 2.
Warenbaum 36.
Warzen 72.
Weberei 2, 35.
Weberschiffchen 83.
Webstühle 93.
Weberzange 33.
Wechsellade 86.
Wechselplatine 89.
Wechselpatrone 89, 91.
Welle 36, 58.
Wellenstuhl 2.
Wellenvorrichtung 58.
Wendehaken 71.
Werk 51.
Windstock 6.
Wirkerei 2.

Z.

Zahn 91.
Zähnezahl des Kammes 31.
Zeuge 2.
Zugeisen 70.
Zugvorrichtung 77.
Zusammengesetzter Rollen- u. Hebelzug 60.
Zwirnen 35.
Zwischenhebel 64.

4. Inhalt des I. Teiles.

Seite

Einleitung . . . 1
1. Die Entwicklung der Weberei . . . 1
2. Allgemeines . . . 2
3. Einteilung der Gewebe . . . 3

I. Gruppe:

Die Vorbereitungsarbeiten zum Weben.

A. Die Vorbereitungsarbeiten der Kette . . . 5
I. Das Kettspulen . . . 5
Spulen- und Garnberechnung . . . 6
II. Das Schweifen . . . 9
Berechnung des Garnmateriales einer Kette . . . 11
Verfahren beim Aufstecken der Spulen . . . 14
Verfahren beim Schweifen auf dem einfachen Schweifrahmen . . . 15
Das Musterkettenschweifgestell . . . 17
Die mechanische Schweifmühle . . . 18
Das Abnehmen der Kette vom Schweifrahmen . . . 20
III. Das Schlichten und Leimen der Kette . . . 21
Das Schlichten der Kette . . . 21
Das Leimen der Kette . . . 22
1. Im Strähn . . . 22
2. Im Fasse . . . 23
3. Mit der Handleimmaschine . . . 23
IV. Das Aufbäumen der Kette . . . 23
V. Das Einziehen der Kettenfäden in die Schäfte . . . 26
Arten der Einzüge . . . 28
Helfenberechnung . . . 29
VI. Das Kammstechen . . . 31
Berechnung des Kammes . . . 31
VII. Das Anlängern . . . 33
B. Die Vorbereitungsarbeiten des Schusses . . . 34
I. Das Spulen . . . 34
II. Das Anfeuchten . . . 35
III. Das Zwirnen und Dublieren von Kette und Schuß . . . 35

II. Gruppe:

Die spezielle Weberei.

Allgemeine Anordnung eines Handstuhles . . . 35
I. Die Bauart . . . 36
II. Die Erzeugung der Gewebe . . . 41
A. Die Bewegung der Kette . . . 42
a) Bewegung der Kette in ihrer Ebene . . . 42
1. Allgemeines . . . 42
2. Das Ablassen und Spannen . . . 42
a) Die feste Spannung . . . 42
b) Die nachgiebige . . . 43
α) Die Seilbremse . . . 43
β) Die Gegengewichtsspannung . . . 44
3. Die Führung der Kette . . . 45
a) Der Streichbaum und Streichriegel . . . 45
b) Der Brustbaum . . . 46
4. Die Teilung der Kette . . . 46
5. Das Breithalten der Ware . . . 46

Seite

6. Das Schalten der Kette und Ware 47
a) periodisch 47
b) kontinuierlich 48
b) Bewegung der Kette aus ihrer Ebene 50
1. Allgemeines 50
a) Die Helfen 51
b) Das Fach 52
c) Die Bindung der Gewebe 56
2. Die Fachbildung 58
a) Die Wellen- und Rollenvorrichtungen 58
α) Die Welle 58
β) Der Rollen- oder Klobenzug 59
γ) Der Hebelzug 60
δ) Die zusammengesetzten Rollen- und Hebelzüge 60
b) Die Gegenzug- oder Kontremarschvorrichtung. Hebel- und Gegenzugvorrichtungen 62
α) Der Gegenzug für Hochfach 62
β) „ „ „ Tieffach 63
γ) „ „ „ Hoch- und Tieffach 64
δ) „ „ „ Hoch-, Tief- und Stehfach 65
c) Die Schaftmaschinen 68
1. Die Schaftmaschine für Hochfach 70
α) Das Kartenschlagen 72
β) Der Kartenlauf 74
γ) Die Verbindung des Schaftes mit den Platinen 75
2. Die Schaftmaschine für Tieffach 75
3. Die Schaftmaschine für Hoch- und Tieffach 76
α) Die Zugvorrichtung 77
β) Das verstellbare Nadelbrett 79
4. Die Schaftmaschine für Hoch-, Tief- und Stehfach 81
B. Die Bewegung des Schusses 83
a) Das Einschießen 83
1. Die Handlade 84
2. Die Schnellade 84
3. Die Wechsellade 86
Der Schützenwechsel 89
b) Das Anschlagen 91

III. Gruppe:

Die Webstühle 93
1. Der Leinenstuhl 93
2. Der Seidenstuhl für Taffet 95
3. Der Rollenzugstuhl 95
4. Der Gegenzugstuhl für Seide 97
5. Der Gegenzugstuhl für andere Garne 97
6. Der Schaftmaschinstuhl 98
7. Der Frottierwarenstuhl 101
8. Der Schaft-Steppgewebestuhl 101
9. Der Knüpfteppichstuhl 104
10. Der Gobelinstuhl 105
11. Der Bandstuhl 108
12. Der Musterstuhl 111

IV. Gruppe:

Anhang.
1. Preisverhältnisse für Geräte der Schaftweberei 112
2. Nomenklatur 117
3. Sachregister 120
4. Inhaltsverzeichnis 123

<u>GPSR Compliance</u>

The European Union's (EU) General Product Safety Regulation (GPSR) is a set of rules that requires consumer products to be safe and our obligations to ensure this.

If you have any concerns about our products, you can contact us on ProductSafety@springernature.com

In case Publisher is established outside the EU, the EU authorized representative is:

Springer Nature Customer Service Center GmbH
Europaplatz 3
69115 Heidelberg, Germany

Batch number: 10577896

Printed by Printforce, the Netherlands